Photoshop 2020 图像处理培训教程

张剑华 郑帅帅 王颖倩 编著

清华大学出版社

北京

内 容 简 介

本书以"项目＋练习实例＋拓展案例"为编写形式，共包括 8 个项目，分别是选区编辑、图像调色、位图绘制、图像修饰、矢量绘制、图层效果的应用、特效滤镜和文字效果。每个项目由"项目导读"引入，分别设置"技能目标"和"情感目标"，将党的二十大关于中华民族文化建设，包括优秀传统文化、大国精益求精的工匠精神、科技守正和创新精神等融入其中。同时，每个项目提供案例欣赏，并为每个项目配备思维导图供学习者快速了解每个项目的知识和技能体系。每个项目主体包括知识点链接和练习实例（约 10 个），另外，还可以通过扫描二维码学习 5 个左右的拓展案例，最后通过项目小结的方式回顾每个项目的学习要点。

本书可以作为职业院校教学教材和职业技能鉴定培训教材，读者对象为职业院校学生和参加职业技能鉴定的学员。

图书在版编目(CIP)数据

Photoshop 2020图像处理培训教程/张剑华，郑帅帅，王颖倩编著.—北京：清华大学出版社，2023.7
ISBN 978-7-302-63695-3

Ⅰ.①P⋯　Ⅱ.①张⋯②郑⋯③王⋯　Ⅲ.①图像处理软件—教材　Ⅳ.①TP391.413

中国版本图书馆CIP数据核字(2023)第102181号

责任编辑：李玉茹
封面设计：傅进雯
责任校对：徐彩虹
责任印制：丛怀宇

出版发行：清华大学出版社

　　　网　　　址：http://www.tup.com.cn, http://www.wqbook.com
　　　地　　　址：北京清华大学学研大厦A座　　　邮　　编：100084
　　　社 总 机：010-83470000　　　邮　　购：010-62786544
　　　投稿与读者服务：010-62776969, c-service@tup.tsinghua.edu.cn
　　　质量反馈：010-62772015, zhiliang@tup.tsinghua.edu.cn
　　　课件下载：http://www.tup.com.cn, 010-62791865

印 装 者：河北华商印刷有限公司
经　　　销：全国新华书店
开　　　本：185mm×260mm　　　印　　张：20　　　字　　数：320千字
版　　　次：2023年8月第1版　　　印　　次：2023年8月第1次印刷
定　　　价：89.00元

产品编号：102134-01

编委会名单

编委会主任:

张剑华

编委会副主任:

郑帅帅　　王颖倩

编委会其他成员（按姓氏笔画排序）:

万　舒　石江惠　刘子攀　刘　斯　孙跃岗

苏传义　吴锦欢　何华国　林　哲　杨　超

周杨斌　陈晓君　陈　翀　陈　斐　陈琼琳

前　言

随着互联网技术的快速发展，以数字技术为载体的数字艺术行业，在全球范围内呈现出高速发展的态势，行业的高速发展，需要持续不断的"新鲜血液"注入其中。本书的编写以"项目＋练习实例＋拓展案例"为线索，共设计了8个项目，分别是选区编辑、图像调色、位图绘制、图像修饰、矢量绘制、图层效果的应用、特效滤镜和文字效果。每个项目分别设有"课程／项目导读""技能目标""情感目标"，将党的二十大关于中华民族文化建设，包括优秀传统文化、大国精益求精的工匠精神、科技守正和创新精神等融入其中。同时，每个项目提供了"案例欣赏"，并配以"思维导图"供学习者快速了解各项目的知识和技能体系。每个项目主体包含"知识点链接"和"练习实例"（约10个），另外，还可以通过扫描二维码学习5个左右的拓展案例，最后通过"项目小结"的方式回顾每个项目的学习要点。

本教材具有以下几个特点。

1. 以人为本，体现"立德树人"的思政宗旨

本书强调以人为本，切实从职业院校学生的实际出发，以浅显易懂的语言和丰富的图示进行说明，编排灵活，理论与实践并重，注重职业能力的培养。以"立德树人"为宗旨，紧密围绕岗位能力培养的教学目标，从"爱国情怀、国家安全、社会责任、法治思维、职业素养"等维度落实课程思政；从文明礼仪、操作规范等细节着手，提高学生的协调能力、团队合作意识和效率意识，培养学生一丝不苟、精益求精、开拓创新的职业精神，弘扬社会主义核心价值观。

2. 产教融合，突显产教融合的行业特色

本书由集美工业学校、行业／企业专家和课程开发专家全程指导，企业人员深度参与编写。编写团队人员来自参加过全国职业院校教师教学能力大赛的一线教师和企业人员，他们教学、科研能力强，编写经验丰富。本书内容突出专业性和技能性，版本精良、图片清晰度高，能满足全国计算机信息高新技术考试Photoshop图形图像制作员级考证的需求，贯彻融通"岗课赛证"，体现了"育训并举"的培养模式，是适应社会发展需求的特色职业培训教材。

3. 活页式教材编排，呈现新形态的深度融合

本书的内容安排与课程建设深度融合，采用项目式设计和以项目为单元的活页式教材编写模式，"理虚实"一体化，编排灵活，形式新颖，同时配有操作视频、PPT 课件、工作页等立体化的教学资源，借助"智慧职教"信息化平台，适应线上线下混合式的教学模式，充分体现了信息技术与教育教学的深度融合，达到了紧密服务于教学内容安排的目的。

本书由集美工业学校张剑华老师担任主编，负责教材大纲的编写与统稿工作，同时负责本教材的课程导入、项目 1 和项目 2 的编写工作。集美工业学校的郑帅帅和王颖倩老师担任副主编，郑帅帅老师负责本教材项目 3、项目 7 和项目 8 的编写工作，王颖倩老师负责本教材项目 4、项目 5 和项目 6 的编写工作。在教材编写过程中，得到集美工业学校领导、同事及行业同人等热心人士的大力支持和帮助，北京华科易汇科技股份有限公司的魏文佳等承担了本书的练习实例指导工作，另外刘斯、刘子攀、万舒等老师对本书的编写给予了大力支持，在此一并表示衷心的感谢。

本教材系福建省教育科学"十三五"规划 2020 年度课题"产教融合背景下中职计算机动漫与游戏制作专业人才培养模式实践研究"（编号 FJJKZJ20-1365）的阶段性研究成果之一。由于编者水平有限，不足之处在所难免，恳请同行专家和广大读者批评指正。

编　者

课件二维码

目　录

课程导入

Photoshop 2020 的工作界面和基本操作

课程导入导读

本课程导入主要讲解 Photoshop 2020 的工作界面以及视图、文档等基本操作，同时还介绍了 Photoshop 2020 的新增功能。通过对本课程导入内容的学习，应该熟练掌握新建、打开、置入、存储文件等方法，以适应 Photoshop 2020 的图层化操作模式，为后面案例操作的学习奠定扎实的基础。

技能目标

(1) 掌握 Photoshop 2020 的工作界面。
(2) 掌握 Photoshop 2020 文档基本操作。
(3) 了解 Photoshop 2020 的新增功能。

情感目标

(1) 具备审美能力，并提升艺术修养。
(2) 能够结合专业特点，融入传统文化，深刻认识专业技能学习和职业素养相结合的时代精神。
(3) 能够学习传统文化，培养工匠精神与创新精神。

案例欣赏

思维导图

0.1 Photoshop 2020 的工作界面

0.1.1 认识软件界面

Photoshop 2020 的工作界面较之前版本的工作界面没有太大的变化，仍包含菜单栏、标题栏、工具箱、属性栏、面板区、工作区和状态栏等信息，如图 0-1-1 所示。

图 0-1-1

(1) 菜单栏。菜单栏位于软件界面的最上方，包含了 Photoshop 2020 的所有功能。用户可选择菜单中的命令来完成各种操作和设置。

(2) 标题栏。打开一个文件以后，系统会自动创建一个标题，在标题栏中会显示该文件的名称、格式、窗口缩放比例及颜色模式等信息。

(3) 工具箱。工具箱默认位于工作界面的左侧，包含了 Photoshop 2020 的常用工具。部分工具按钮的右下角带有一个黑色小三角形标记，表示这是一个工具组，将鼠标指针移到工具图标上，单击鼠标右键可展开隐藏的工具，如图 0-1-2 所示。选择工具箱中的工具后，即可在工作区中进行操作。

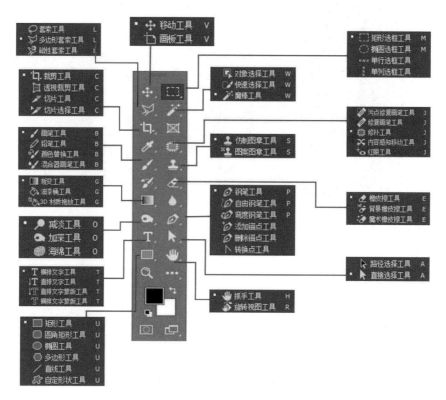

图 0-1-2

(4) 属性栏。在工具箱中选择任意工具后，位于菜单栏下方的属性栏中将显示当前工具的相应属性和参数，用户可对其进行更改和设置，如图 0-1-3 所示。

图 0-1-3

(5) 面板区。面板区位于软件界面的右侧，在初始状态下，面板区中一般会显示颜色、属性、图层等多个常用面板。这些面板主要用于配合图像的编辑、控制及参数设置等操作。面板区中的面板可执行"窗口"菜单中的命令来进行有针对性的选择显示。

(6) 状态栏。状态栏位于工作界面的最底部，可以显示当前文档的大小、文档配置文件、文档尺寸和窗口缩放比例等信息。单击状态栏中的三角形图标＞可以设置状态栏所显示的内容，如图 0-1-4 所示。

图 0-1-4

执行"窗口"→"工作区"→"新建工作区"命令可将设置好的工作区保存下来，如图 0-1-5 所示。在弹出的对话框中为工作区设置一个名称，单击"存储"按钮即可存储工作区，如图 0-1-6 所示。也可根据工作内容在软件提供的默认工作区中进行选择。

如果在操作过程中工作区面板摆放比较凌乱或被误关闭了，执行"窗口"→"工作区"→"复位基本功能"命令即可恢复原面板设置，如图 0-1-7 所示。

图 0-1-5

图 0-1-6

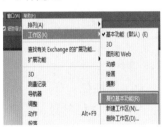

图 0-1-7

0.1.2 视图的基本操作

在 Photoshop 2020 中打开图像文件时，系统会根据图像文件的大小自动调整其显示比例。用户可通过移动、缩放和旋转等操作来修改图像在窗口中的显示效果。

1. 移动视图

使用工具箱中的抓手工具 🖐 可移动画布，从而改变图像在窗口中的显示位置。使用抓手工具移动视图的具体操作是：选择工具箱中的抓手工具，将鼠标指针移动到图像窗口中，按住鼠标左键并拖曳图像至要显示的位置，然后释放鼠标左键即可，如图0-1-8所示。

图 0-1-8

▲提示　在选中任意工具的状态下按住空格键，可快速切换抓手工具进行图像窗口的移动，释放空格键则返回到当前所选择的工具。注意，当画布显示范围小于视窗时，抓手工具无效。

2．缩放视图

编辑图像文件的过程中需要随时查看图像细节，以便进行更准确的编辑。

选择工具箱中的缩放工具 🔍 直接在画布上单击，或在想要放大的位置按住鼠标左键向上拖曳，都可以放大图像以查看图像细节。要想缩小视图，则按住 Alt 键，当鼠标指针的加号变为减号 🔍 时单击画布即可。此外，按快捷键 Ctrl++ 可放大视图，按快捷键 Ctrl+- 可缩小视图。

在视图放大的情况下，如果想要快速浏览全图，可按快捷键 Ctrl+0 将图像按照屏幕大小进行缩放。如果想要查看图像的实际大小，可按快捷键 Ctrl+1。

▲提示　在选中任意工具的状态下按住 Alt 键，向前滚动鼠标滚轮可放大视图，向后滚动鼠标滚轮可缩小视图。

3．旋转视图

使用旋转视图工具可以对当前图像窗口进行任意角度的旋转。使用旋转视图工具不仅不会破坏图像，还可以帮助用户更好地编辑图像。旋转视图工具在抓手工具组中，单击鼠标右键，展开抓手工具组，单击"旋转视图工具"按钮，将鼠标指针移动到图像窗口中，然后按住鼠标左键，即可顺时针或逆时针旋转图像，如图 0-1-9 所示。

图 0-1-9

4. 标尺工具

标尺工具在实际工作中经常用来定位图像或元素的位置，从而帮助用户更精确地处理图像。

打开文件后，执行"视图"→"标尺"命令，图像窗口顶部和左侧将出现标尺。在默认情况下，标尺的原点为图像左上角，如图 0-1-10 所示。用户可以修改原点的位置，将鼠标指针放置在标尺左上角的交叉位置，然后按住鼠标左键拖曳原点，画面中会显示十字线，释放鼠标左键后，释放处便成为原点的新位置，并且此时标尺上的数字也会发生变化，如图 0-1-11 所示。

图 0-1-10

图 0-1-11

将鼠标指针移动到标尺上方右击，可在弹出的快捷菜单中选择命令，修改标尺的单位，如图 0-1-12 所示。

▲提示　按 Esc 键可以快速将旋转后的视图恢复到初始状态。

图 0-1-12

5．参考线

参考线多用于固定图像的位置和作为图像对齐的参考。在进行网页设计或排版时，可使用参考线进行区域的规划。

调出标尺后，将鼠标指针移动到标尺上方，按住鼠标左键并拖曳，可得到参考线。在水平和竖直方向上都可建立参考线，如图 0-1-13 所示。将鼠标指针移到参考线上，按住鼠标左键拖曳参考线到标尺上可删除参考线，或执行"视图"→"清除参考线"命令可删除所有的参考线。

图 0-1-13

0.2 Photoshop 2020 文档基本操作

在 Photoshop 2020 中，文件的基本操作包括打开、新建、存储和关闭等，执行相应命令或按相应快捷键即可完成操作。

0.2.1 文档基本操作命令

1. 打开文件

在 Photoshop 2020 中打开文件的方法有很多种，这里针对几种常用的打开文件的方法进行讲解。

(1) 通过主界面打开文件。启动软件后，在默认界面上可以单击"打开"按钮来打开文件，如图 0-2-1 所示。

图 0-2-1

(2) 使用"打开"命令打开文件。执行"文件"→"打开"命令或按快捷键 Ctrl+O，然后在弹出的对话框中选择需要打开的文件，接着单击"打开"按钮或直接双击文件，都可以打开文件，如图 0-2-2 所示。

(3) 使用"打开为智能对象"命令打开文件。智能对象是指包含栅格图像或矢量图像的数据的图层，它将保留图像的源内容及其所有原始特性，因此可以对该图层进行非破坏性的编辑。执行"文件"→"打开为智能对象"命令，然后在弹出的对话框中选择一个文件将其打开，该文件将以智能对象的形式打开，如图 0-2-3 所示。

(4) 使用"最近打开文件"命令打开文件。Photoshop 2020 可以保存最近使用过的文件的打开记录，执行"文件"→"最近打开文件"命令，在其子菜单中可快速找到最近打开过的文件，单击文件名即可将其打开，如图 0-2-4 所示。执行其子菜单底部的"清除最近的文件列表"命令可以删除历史打开记录。

图 0-2-2

图 0-2-3

图 0-2-4

（5）使用快捷方式打开文件。使用快捷方式打开文件的方法主要有以下两种。

① 选择一个需要打开的文件，然后将其拖曳到 Photoshop 2020 的应用程序图标上，即可将其打开。

② 如果软件已经运行，直接将文件拖曳到标题栏上方，就能以独立标题栏的形式打开文件。如果将文件拖曳到画布内，可在画布中将文件打开为智能对象图层。

2．新建文档

新建文档可以设置文件名、宽度、高度、分辨率、画布背景颜色等。

执行"文件"→"新建"命令，或按快捷键 Ctrl+N，将打开"新建文档"对话框，在其中可以设置新文档的名称等参数，如图 0-2-5 所示。在"新建文档"对话框中首先需要对文件进行命名，然后需要设置其宽度和高度，以及宽度和高度的单位。如果文件最终是呈现在屏幕上的，则其单位一般设置为像素，将分辨率设置为 72 像素 / 英寸，颜色模式设置为 RGB 8 位 (常用尺寸 1080 像素 x 1920 像素)；如果是使用在印刷品上的，一般会设置为毫米或厘米这样的长度单位，分辨率会设置为 300 像素 / 英寸，颜色模式会设置为 CMYK 8 位 (常用尺寸 210 毫米 x 297 毫米)。在 "新建文档" 对话框中，还可以设置画布的背景颜色和方向等。

> ▲**提示** "新建文档" 对话框左侧提供了各种规格的文档，可根据需要直接选择预设文档进行新建。

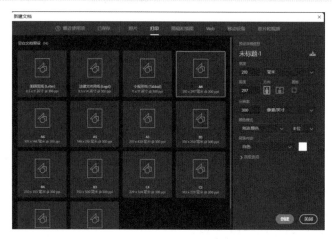

图 0-2-5

3. 存储文件

处理完文件后，需要对文件进行保存。保存文件的操作是执行 "文件" → "存储" 命令或按快捷键 Ctrl+S。在系统弹出的 "另存为" 对话框中可以设置文件保存的名称、位置和格式等，如图 0-2-6 所示。

图 0-2-6

保存文件时，需要养成良好的文件命名习惯，应根据文件的内容或主题来命名，这样可以更好地对文件进行整理。

如果需要保存带图层的文件，可以将文件的保存类型选择为 PSD；如果需要保存图片的透明背景，可以将文件的保存类型设置为 PNG；如果只需要将文件存储为普通的位图，将文件的保存类型设置为 JPG 即可。在软件操作过程中，还要养成随时保存的好习惯，经常按快捷键 Ctrl+S 保存文件，这样可以避免遇到突发情况而丢失文件。

▲提示 如果想存储副本文件，可执行"文件"→"存储为"命令，或按快捷键 Ctrl+Shift+S 重新命名文件名并设置存储位置。

4. 关闭文件

文件编辑结束后可执行"文件"→"关闭"命令，或按快捷键 Ctrl+W，或单击文档标题栏右侧的"关闭"按钮 X，关闭当前处于激活状态的文件。使用这几种方法关闭文件时，其他文件将不受任何影响，如图 0-2-7 所示。

图 0-2-7

▲提示 执行"文件"→"关闭全部"命令或按快捷键 Ctrl+Alt+W，可以关闭所有的文件。按快捷键 Ctrl+Q 可关闭软件。

0.2.2 更改图像尺寸

在练习和工作中，需要更改图像尺寸的情况有很多，在 Photoshop 中执行"图像"→"图像大小"命令和"图像"→"画布大小"命令，以及使用裁剪工具，都能满足更改图像尺寸的需求。

1. 更改图像大小

设计工作中比较常见的更改图像大小的情况是将图像以固定的宽或高等比缩小。如果需要将作品发布到多个平台上，不同的平台、作品都会有不同的尺寸要求，这时也需要更改图像的大小。

更改图像大小的方法是执行"图像"→"图像大小"命令，或按快捷键 Ctrl+Alt+I，打开"图像大小"对话框，如图 0-2-8 所示，在其中更改高度和宽度的数值。在"宽度"和"高度"参数的左侧有一个锁链按钮，用于锁定长宽比，一般情况下会将其选中，避免图片拉伸变形。在该对话框中还有"重新采样"选项，该选项可以根据图片处理情况与图片特点进行设置，一般情况下设置为"自动"即可。

图 0-2-8

更改图像大小，实际上是更改图像的像素，像素的修改是不可逆的，因此更改图像大小时最好先存储一个副本再进行修改，保存原图可以留下更多的修改空间。

图 0-2-9

2. 更改画布大小

画布就像画画的纸，是 Photoshop 2020 中进行图像创作的区域，工作区显示的大小就是画布的大小，操作时可以根据需求对画布大小进行调整。新建文档时设置的文档尺寸就是画布大小，由于在设置画布大小时无法准确判断作品最终的尺寸，因此需要对画布大小进行调整。

更改画布大小的方法是执行"图像"→"画布大小"命令，或按快捷键 Ctrl+Alt+C，打开"画布大小"对话框，如图 0-2-9 所示，在其中调整画布的宽度和高度。

　　"定位"选项可设定画布以哪个方向为起点进行延展或收缩，如果若以中间为起点将画布加宽 200 像素，画布左右两边将同时延展 100 像素，如图 0-2-10 所示；设置以左侧为起始点则画布向右侧延展 200 像素，如图 0-2-11 所示。

图 0-2-10　　　　　　　　　　　　　　图 0-2-11

3. 裁剪工具

　　选中工具箱中的裁剪工具 ⛏️ 后，画布上会出现 8 个控制点，拖曳这些控制点可以对画布进行裁剪，裁剪框中颜色较鲜艳的部分就是要保留的部分，如图 0-2-12 所示。

图 0-2-12

　　在使用裁剪工具时，可以在属性栏中选择按比例裁剪的选项。例如要将图片裁剪成正方形，可以选择 1：1 选项。裁剪框中会显示参考线，系统默认为"三等分"参考线，在属性栏中可以根据需求选择其他的参考线，如图 0-2-13 所示。参考线可以在裁剪时辅助构图，如利用三分构图法将主体物放到参考线的交点处，这样裁剪出来的构图一般是比较好看的，如图 0-2-14 所示。

图 0-2-13

图 0-2-14

　　裁剪工具的属性栏中有"删除裁剪的像素"选项，如果选中这个选项，裁剪的像素将被删除，再次裁剪时无法重新对原图的像素进行操作，因此建议不勾选该选项。保留原图的像素可以保留更多的编辑机会。确认裁剪效果后按 Enter 键即可完成操作。

　　如果拍照片的时候不小心把照片拍歪了，如图 0-2-15 所示，使用裁剪工具属性栏中的拉直功能可以让照片"变废为宝"。选择裁剪工具，在其属性栏中单击"拉直"按钮，在画面上画出参考线，系统就会根据画出的参考线对图片进行拉直，拉直效果如图 0-2-16 所示。

　　在拉直的过程中，系统会默认裁剪图片的一些边角，如果在拉直的过程中不想损失像素，可以在属性栏中选中"内容识别"选项，选中该选项后，系统将根据图像自动补全缺失的像素。

图 0-2-15   图 0-2-16

0.3 Photoshop 2020 的新增功能

0.3.1 更好、更快的人像选区

在最新版本的 Photoshop 2020 中，"选择主体"命令已针对人像进行了优化。现在，只需单击一次，即可在图像中创建精确的人物主体选区。选择"选择主体"命令可自动检测人像中的人物，以创建更精细的选区，包括头发细节和更好的边缘品质，其前后效果如图 0-3-1 和图 0-3-2 所示。

图 0-3-1   图 0-3-2

0.3.2 Adobe Camera Raw 改进

无论是调整一幅图像，还是批处理几百幅图像，用户都能节省时间，体验更直观、高效的界面，更轻松地导航和查找所需工具。一些主要用户界面改进如下。

(1) 能够同时使用多个编辑面板。

(2) 能够创建 ISO 自适应预设，并将其设为原始默认设置。

(3)"局部调整"面板中新增了一个"色相"滑块。能够更改特定区域的颜色，而不影响照片的其他区域。

（4）能够通过居中命令裁剪 2×2 网格叠加来裁剪照片的正中心画面。

（5）改进了"曲线"面板，可在"参数曲线"和"点曲线"通道之间轻松切换。能够使用点曲线以及红色、绿色和蓝色通道的输入值进行更精确的调整。

（6）增加了水平和图像聚焦功能，以及垂直和图像名称及评级等胶片条方向选项。

此外，原始默认设置在此版本中也得到了改进。现在，可以在首选项面板中自定义原始文件的默认调整，选取 Adobe 默认设置、相机设置，或自己的预设，如图 0-3-3 所示为调整前后的 RAW 效果。

图 0-3-3

0.3.3　自动激活 Adobe 字体

现在，可以比以往更轻松地查找和同步 Adobe 字体。只需在连接到 Internet 后打开一个文档，Photoshop 2020 就会自动查找所有可用的 Adobe 字体，并将其添加到用户的字体库中，告别了 Photoshop 文档中缺失字体的问题。

如果在文档中使用其他来源的字体，也能使工作变得更轻松、更快速。现在，仅当用户编辑相应文字图层时才会显示"字体缺失"消息，如图 0-3-4 所示，可以通过匹配字体进行替换。

图 0-3-4

0.3.4　添加可旋转图案

在 Photoshop 2020 版本中添加了以任意角度旋转图案的功能。现在，您可以轻松更改"图案叠加""图案描边"和"图案填充图层"中任何图案的方向，并将其与周围的方向对齐。图案旋转是非破坏性的，并且可以轻松重置或更改，如图 0-3-5 所示。

图 0-3-5

用户可以在界面的以下位置访问图案角度选择器，如图 0-3-6 所示。

图层	• "图层"菜单或"图层"面板 > "新建填充图层" > "图案" > "图案填充"对话框
	• "图层"菜单或"图层"面板 > "图层样式" > "图案叠加" > "图层样式"对话框
	• "图层"菜单或"图层"面板 > "图层样式" > "描边" > "填充类型" > "图案" > "图层样式"对话框
形状	• 选项栏或"属性"面板 > "作为图案填充"
	• 选项栏或"属性"面板 > "作为图案描边"
帧数	• "属性"面板 > "作为图案描边"

图 0-3-6

0.3.5 其他增强功能

(1)"对象选择"工具。使用对象选择工具进行选择时,用户将体验到显著的性能改进,尤其是当处理较大图像时。

(2)"选择并遮住"工作区。选择并遮住工作区中,全局调整下方的移动边缘和平滑控制滑块已进行速度优化。在高分辨率图像上应用这两个滑块控件时,用户会体验到显著的性能改进。

课程导入小结

本课程导入主要是学习 Photoshop 2020 工作界面和文档基本操作,以加深对 Photoshop 2020 新增功能的了解。通过课程导入内容的学习,学习者可以熟练掌握新建、打开、置入、存储文件等操作方法,适应 Photoshop 2020 的图层化操作模式,为后面的项目案例操作学习奠定扎实的基础。

项目 1

选 区 编 辑

项目导读

选区编辑主要是讲解最基本的选区绘制方法，并介绍选区的基本操作，如多边形套索、套索、魔棒、磁性套索工具的使用操作，在此基础上学习选区形态的编辑。学会选区的使用方法后，我们可以对选区进行颜色、渐变以及图案的填充。

技能目标

(1) 掌握不同的创建规则和不规则选区的途径，包括选框工具、套索工具、魔棒工具的使用，颜色范围命令的使用等。

(2) 掌握选区的创建与编辑。

(3) 掌握并了解选区的相加、相减和相交。

(4) 掌握选区的修饰。

情感目标

(1) 具备审美能力，并提升艺术修养。

(2) 能够学习传统文化，培养工匠精神与创新精神。

案例欣赏

思维导图

1.1 知识点链接

知识点 1.1 认识选区

选区工具包括矩形选框工具、套索工具、魔棒工具等。本节主要讲解选区的基本作用、概念及使用方法，其中将着重讲解选区的表现形式、保护功能、移动、复制等。

1. 选区的表现形式

选区以浮动虚线的形式呈现，浮动虚线包围的区域表示被选择的区域。选区可以根据形状，大致分为基本几何形状的常规选区和不规则形状的不规则选区，如图 1-1-1 和图 1-1-2 所示。

图 1-1-1

图 1-1-2

2. 选区的保护功能

选区具有保护功能，创建选区后，可以单独对选区内的图像进行颜色填充、调色、添加滤镜等操作，效果如图 1-1-3 所示。在对选区内的图像进行操作时，选区外的图像将不受影响，即可以保护不需要进行操作的图像。

3. 移动选区

选区是可以移动的，移动选区需要在选中选区工具（如矩形选框工具、套索工具、魔棒工具等）的状态下进行。

图 1-1-3

注意，移动选区前需确保工具属性栏中选中的是"新选区"选项 □▾ [■] ▣ ▣ 。将鼠标指针移动到选区内，鼠标指针会自动转换为中间有虚线的白色箭头，如图 1-1-4 所示；表示当前选区为可移动状态，如图 1-1-5 所示。

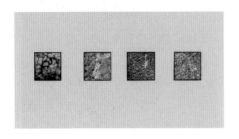

图 1-1-4   图 1-1-5

选区的移动还可以通过键盘上的方向键来实现。当创建一个选区后，按方向键可以每次以 1 像素为单位移动选区，也可以按快捷键 Shift+ 方向键，每次以 10 像素为单位移动选区。

4. 选区内图像的移动

在进行图像的编辑操作时，经常需要借助选区来移动或复制图像中特定的内容。创建一个选区后，在工具箱中选择移动工具拖曳移动选区，选区内的图像就会随之移动。移动后的区域将被自动填充为背景色，如图 1-1-6 所示。

图 1-1-6

创建如图 1-1-7 所示的选区，按住 Alt 键，使用移动工具，可以将选区内的图像移动并复制到任意位置，如图 1-1-8 所示。

图 1-1-7   图 1-1-8

创建选区后，使用移动工具可以将选区内的图像复制到其他文档中（这是常用的合成方法），例如，创建如图 1-1-9 所示的地球选区，使用移动工具拖曳选区内的图像至如图 1-1-10 所示的位置，可将地球复制并粘贴到该背景上。

图 1-1-9

图 1-1-10

知识点 1.2 选框工具组

选框工具组中包括矩形选框工具、椭圆选框工具和单行、单列选框工具。

1. 选框工具绘制选区

在工具箱中选择矩形选框工具 或椭圆选框工具 后，按住鼠标左键并拖曳鼠标指针，即可绘制出其对应类型的选区，如图 1-1-11 所示。

(a)

(b)

图 1-1-11

▲提示　使用矩形选框工具或椭圆选框工具绘制选区时，按住 Shift 键可以得到正方形或圆形选区。绘制选区时按住空格键，可在绘制时移动选区的位置，松开空格键不会影响选区的继续绘制。

2. 选区的相关操作

绘制选区之前可对选区的大小或比例进行设置，同时也可以随时取消绘制的选区。在属性栏的"样式"下拉列表中可设置选区的大小和比例，如图 1-1-12 所示。

图 1-1-12

(1)"样式"选项的设置。使用选框工具时，可以通过属性栏中的"样式"选项来绘制固定比例或大小的选区。图 1-1-13 所示为绘制的 1 ∶ 1 选区。

图 1-1-13

(2) 取消选区。如果选区绘制有误，或者对该选区的操作已完成，那么就可以取消选区。在使用选区工具的过程中，如果再次绘制新的选区，旧的选区将自动取消。注意，只有属性栏中选中"新选区"选项时，才可以绘制新选区来取消旧选区。此外，按快捷键 Ctrl+D 也可以取消选区。

> ▲提示　在执行操作的过程中，出现误操作时可按快捷键 Ctrl+Z 撤回上一步操作或打开右侧的历史记录面板 选择要撤回的步骤进行撤回。

3. 选区的布尔运算

布尔运算是图形绘制时相加、相减、相交的一种算法，利用布尔运算，可以使多个选区共同作为一个组合形状区。选区的布尔运算具体操作如下。

(1) 添加到新选区。在属性栏中设置选区的选择状态为"添加到新选区"状态，在已有选区的基础上再次绘制新选区，可得到两个选区相加后的效果。以如图 1-1-14 所示的图像为例，沿篮球轮廓绘制选区后，在属性栏中选中"添加到新选区"选项，然后依次沿足球和橄榄球的轮廓绘制选区，可实现同时创建多个选区的目的，如图 1-1-15 所示。

图 1-1-14

图 1-1-15

▲提示　在绘制新选区时，按住 Shift 键可以实现选区相加后的效果。

（2）从选区减去。在属性栏中选中"从选区减去"选项，将在已有选区的基础上再次绘制新选区，可得到两个选区相减后的效果。以如图 1-1-16 所示的图像为例，沿弯月外侧边缘绘制圆形选区后，在属性栏中选中"从选区减去"选项，然后在弯月内侧边缘绘制圆形选区，可实现绘制弯月选区的目的，如图 1-1-17 所示。

图 1-1-16

图 1-1-17

▲提示　在绘制新选区时，按住 Alt 键可以实现选区相减后的效果。

（3）与选区交叉。在属性栏中选中"与选区交叉"选项，可得到两个选区相交后的效果。以如图 1-1-18 所示的眼睛图形为例，沿眼睛下方边缘绘制圆形后，在属性栏中选中"与选区交叉"选项，然后沿眼睛上方边缘绘制圆形，可实现绘制眼睛轮廓选区的目的，如图 1-1-19 所示。

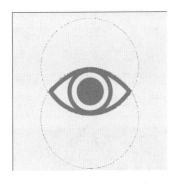

图 1-1-18

图 1-1-19

4．选区的调整

选区除了可以进行基本的操作和布尔运算以外，还可以对选区的形状进行缩放、羽化、描边等特殊操作。

(1) 变换选区。绘制的选区与实际需要的选区大小有细微偏差时，可执行"选择"→"修改"→"收缩"命令，在弹出的"收缩选区"对话框中设置"收缩量"选项可实现选区的收缩，如图 1-1-20 所示。如果想要扩展选区，其操作与收缩选区基本一致。

执行"变换选区"命令也可以实现选区的缩放，例如，图 1-1-21 所示的图像中绘制的足球选区过大，可在选中选区工具的状态下，右击并在弹出的快捷菜单中选择"变换选区"命令，选区周围会生成定界框，拖曳 4 个角点可以调节定界框的大小，使选区更加贴近足球，如图 1-1-22 所示。

图 1-1-20

图 1-1-21

图 1-1-22

(2) 羽化选区。羽化选区命令可以使选区边缘变得柔和，使选区内的图像自然地过渡到背景中。以如图 1-1-23 所示的图像为例，执行"选择"→"修改"→"羽化"命令对绘制的选区进行羽化，其快捷键为 Shift+F6，打开"羽化选区"对话框，在"羽化半径"文本框中输入羽化值，单击"确定"按钮即可。切换到移动工具，按住 Alt 键移动复制羽化后的选区内的图像，图像四周会有比较自然的过渡效果，如图 1-1-24 所示。

图 1-1-23

图 1-1-24

(3) 描边选区。在处理图像的过程中，经常会使用"描边"命令来强调图像轮廓或绘制图框。描边是指沿着创建的选区边缘进行描绘，即为选区边缘添加颜色和设置宽度。在选区工具被选中的状态下右击，在弹出的快捷菜单中选择"描边"命令，将打开"描边"对话框，在其中可为选区设置描边效果，如图 1-1-25 所示。

在"描边"对话框中可对宽度、颜色及位置进行设置。其中内部描边为常用描边位置，内部描边可沿选区边缘向内描边选区，且不会改变选区轮廓的大小，如图 1-1-26 所示。居中描边和居外描边两种形式或多或少都会改变选区的轮廓大小。

图 1-1-25

图 1-1-26

知识点 1.3 套索工具组

套索工具组主要用于绘制不规则的选区及抠取不规则的图形，它由套索工具、多边形套索工具和磁性套索工具组成，如图 1-1-27 所示。

图 1-1-27

1. 套索工具

套索工具 ◯ 可在无须绘制精准选区，需要快速选取画面局部时使用。

选中套索工具后，只需在图像窗口中按住鼠标左键并拖曳，首尾相连后释放鼠标左键，即可创建选区，如图 1-1-28 所示。

图 1-1-28

2. 多边形套索工具

多边形套索工具 ▽ 主要用于抠取直线形物体，如立方体、直角建筑物等。以如图 1-1-29 所示的图像为例，使用多边形套索工具建立建筑物选区。选中多边形套索工具后，在图像窗口中单击创建选区的起始点，然后沿建筑物轮廓单击定义选区中的其他点，最后将鼠标指针返回到起始点处，当鼠标指针呈 ▽ 形状时单击，即可创建选区。

图 1-1-29

▲提示 在绘制选区的过程中，当点位置添加错误时，可按 BackSpace 键撤回一步，按 Esc 键可撤销选区的绘制。

3. 磁性套索工具

磁性套索工具 ▷ 多用于抠取复杂的轮廓图像。相较于钢笔工具，磁性套索工具更容易掌握，且抠取的物体轮廓细节更多。以抠取图 1-1-30 中的两位运动员图片为例，选中磁性套索工具，在左边男运动员边缘某一位置单击定义起点后，沿男运动员的轮廓拖曳鼠标指针，系统将自动在鼠标指针移动的轨迹上选择对比度较大的边缘产生节点，当鼠标指针回到起始点时，单击，即可创建左边男运动员的轮廓选区，如图 1-1-31 所示。

图 1-1-30

图 1-1-31

知识点 1.4 魔棒工具组

　　魔棒工具组主要用于快速选择相似的区域，Photoshop 2020 新增了对象选择工具，这样就包含了对象选择工具、快速选择工具和魔棒工具，如图 1-1-32 所示。

图 1-1-32

　　(1) 对象选择工具为 Photoshop 2020 中的新增工具，使用对象选择工具时，系统将自动分析图像，以指定对象创建选区。

　　使用对象选择工具的具体操作是：在工具箱中选择对象选择工具，框选如图 1-1-33 所示的两个草莓，可创建两个草莓的轮廓选区，如图 1-1-34 所示。图像颜色对比越强，自动生成的选区越精准。

图 1-1-33

图 1-1-34

　　(2) 快速选择工具。用户使用快速选择工具，可以像绘画一样快速选择目标图像。通过拖曳鼠标指针，选区会自动向外扩展，跟随图像的边缘（背景和图像对比鲜明时适用）

生成选区。在其属性栏中可设置选区相加或相减,如图 1-1-35 所示。

图 1-1-35

系统默认为选中"添加到选区"选项 ,即创建初始选区后,再次创建选区时,两个选区自动相加。按住 Alt 键可以快速切换到"从选区减去"选项,可以在原有选区的基础上减去鼠标指针拖曳出的图像区域。

(3) 魔棒工具。可以在图像中颜色相同或相近的区域生成选区,适用于选择颜色和色调变化不大的图像。在工具箱中选择魔棒工具后,单击图像中的某个点,即可将图像中该点附近与其颜色相同或相似的区域选出,选区的范围由属性栏中的容差值决定,如图 1-1-36 所示。容差数值越大,选择的颜色范围越大,反之则选择的颜色范围越小。图 1-1-37 所示为容差值为 20 的选区范围。图 1-1-38 所示为容差值为 40 的选区范围。图 1-1-39 所示为容差值为 60 的选区范围。

图 1-1-36

图 1-1-37　　　　　　　　　　图 1-1-38　　　　　　　　　　图 1-1-39

1.2　练习实例

练习实例 1.1　制作水果拼盘效果

扫一扫,看视频

文件路径	资源包\项目 1\练习实例 1.1　制作水果拼盘效果
难易指数	★★★☆☆
技术要领	魔棒工具、磁性套索工具

案例效果: 如图 1-2-1 所示。

图 1-2-1

案例素材：如图 1-2-2 所示。

图 1-2-2

案例说明：使用魔棒工具和磁性套索工具选取素材，通过套索工具增加或减少选区以及反选操作，把素材拖移到背景图中，生成新图层，调整图层的前后遮挡关系，完成效果图制作。

案例知识点：选区工具——魔棒工具、磁性套索工具。

案例实施：

步骤 01　分别打开资源包路径中的五个素材文件。在如图 1-2-3 所示的橘子素材中，使用魔棒工具在白色背景上单击，如图 1-2-4 所示。

图 1-2-3   图 1-2-4

步骤 02   先按住 Shift 键，使用套索工具增加选区，如图 1-2-5 所示，再执行"选择"→"反选"命令，选中橘子，如图 1-2-6 所示。

图 1-2-5   图 1-2-6

步骤 03   按 V 键选择移动工具，在选项栏中选中"显示变换控件"复选框，拖动橘子到素材 5.jpg 中的空盘里，自动生成新图层，如图 1-2-7 所示。

图 1-2-7

步骤 04   按住 Shift 键，拖动角柄调整橘子的大小，如图 1-2-8 所示。

步骤 05   在"图层"面板中选中背景图层 (盘子图像)，使用椭圆选框工具沿盘子边沿创建选区，执行"选择"→"反向"命令 (快捷键为 Ctrl+Shift+I)。在图层面板中选中图层 1(橘子)，执行"编辑"→"剪切"命令，产生橘子放入盘中的效果，如图 1-2-9 所示。

图 1-2-8

图 1-2-9

步骤 06 在如图 1-2-10 所示的香蕉素材中，通过磁性套索工具沿香蕉的边沿进行选择，创建香蕉选区，如图 1-2-11 所示。

图 1-2-10

图 1-2-11

步骤 07 通过移动工具拖动香蕉选区到素材 5.jpg 中的空盘里，生成香蕉新图层，如图 1-2-12 所示。

步骤 08 依照步骤 04 和步骤 05 的操作，调整香蕉的大小及其与盘子边缘的前后遮挡关系，使得香蕉具有放入盘中的效果，如图 1-2-13 所示。

图 1-2-12

图 1-2-13

步骤 09 在如图 1-2-14 所示的苹果素材中，使用魔棒工具在白色背景上单击，此时可以看到图中还有一部分灰色阴影没有被选中。按住 Shift 键，使用套索工具增加选区，

如图 1-2-15 所示（图片更新）。执行"选择"→"反向"命令（快捷键为 Ctrl+Shift+I），
选中苹果图像。

图 1-2-14   图 1-2-15

步骤10 使用移动工具拖动苹果图像到素材 5.jpg 中的空盘里，生成新图层，如
图 1-2-16 所示。

步骤11 依照步骤 04 和步骤 05 的操作，调整苹果与盘子边缘的前后遮挡关系，
产生苹果放入盘中的效果，如图 1-2-17 所示。

图 1-2-16   图 1-2-17

步骤12 在如图 1-2-18 所示的水果素材中，使用磁性套索工具创建葡萄选区，
如图 1-2-19 所示。

图 1-2-18   图 1-2-19

步骤13 同样依照步骤 04 和步骤 05 的操作，将葡萄移入盘中并进行缩放和遮挡
处理，效果如图 1-2-20 所示。

图 1-2-20

步骤 14 将最终效果保存到指定文件夹中。

练习实例 1.2　制作模拟水面倒影效果

文件路径	资源包\项目 1\练习实例 1.2　制作模拟水面倒影效果
难易指数	★★☆☆☆
技术要领	矩形选区工具、多边形套索工具

扫一扫，看视频

案例效果：如图 1-2-21 所示。

图 1-2-21

案例素材：如图 1-2-22 所示。

图 1-2-22

案例说明：调整画布纵向尺寸，使用矩形选框工具选取雪山景图像的上半部分，通过复制图像，调整图层的不透明度，产生雪山景在水中的倒影效果，使用多边形套索工具创建小船选区，移动和调整小船大小，最终完成模拟小船和雪山在水中的倒影效果。

案例知识点：选区工具——矩形选区工具、多边形套索工具。

案例实施：

步骤 01　分别打开资源包路径中的 1.png 和 2.png 两个素材文件。在如图 1-2-23 所示的雪山景素材图中，执行"图像"→"画布大小"命令，调整画布纵向尺寸，参数设置如图 1-2-24 所示。

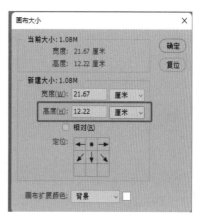

图 1-2-23　　　　　　　　　　　　　　　　图 1-2-24

步骤 02　使用矩形选框工具选取图像上半部分，创建雪山景图像选区，如图 1-2-25 所示。

步骤 03　按 Ctrl+J 快捷键，复制雪山景图像选区到新的图层，生成图层 1，如图 1-2-26 所示。

图 1-2-25　　　　　　　　　　　　　　　　图 1-2-26

步骤 04　使用移动工具把图层 1 移动到画布的下半部分，执行"编辑"→"变换"→"垂直翻转"命令，如图 1-2-27 所示。

步骤 05 在"图层"面板中选中图层 1(翻转后的雪山景图),调整图层的不透明度为 50%,产生雪山景在水中的倒影效果,如图 1-2-28 所示。

图 1-2-27

图 1-2-28

步骤 06 在如图 1-2-29 所示的小船素材图中,使用多边形套索工具沿小船的边沿进行选择,创建小船选区,如图 1-2-30 所示。

图 1-2-29

图 1-2-30

步骤 07 使用移动工具拖移小船选区到雪山景水中倒影图中,生成小船新图层,按 Ctrl+T 快捷键调整小船的大小并移动到合适位置,如图 1-2-31 所示。

步骤 08 依照步骤 03 到步骤 05 的操作,复制小船图层并垂直翻转,调整其位置和不透明度,形成最终的模拟水面倒影效果,如图 1-2-32 所示。

图 1-2-31

图 1-2-32

步骤 09 将最终效果保存到指定文件夹中。

选区编辑 项目 1

练习实例 1.3　制作镜面着色效果

文件路径	资源包\项目 1\练习实例 1.3 制作镜面着色效果
难易指数	★★☆☆☆
技术要领	多边形套索工具、图层蒙版工具

扫一扫，看视频

案例效果：如图 1-2-33 所示。

图 1-2-33

案例素材：如图 1-2-34 所示。

图 1-2-34

案例说明：通过多边形套索工具选取汽车车窗部分，使用移动工具把蓝色素材拖入汽车图像内，添加图层蒙版，并填充黑色，执行"渐隐"命令，从而改变蓝色窗部分的不透明度，制作镜面着色效果。

案例知识点：选区工具——多边形套索工具、图层蒙版工具。

案例实施：

步骤01　分别打开资源包路径中的两个素材文件 1.png 和 2.png。

步骤02　在汽车图像素材 1.png 中，使用多边形套索工具选取汽车车窗部分，创建选区，如图 1-2-35 所示。

步骤03　使用移动工具，把蓝色素材 2.png 拖入汽车图像内（覆盖车窗区域），如图 1-2-36 所示。

图 1-2-35

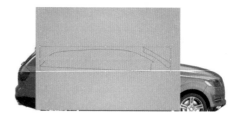

图 1-2-36

步骤04 在"图层"面板中选中图层 1（蓝色素材图层），执行"选择"→"反向"命令，反向选择区域，按 Delete 键删除多余部分，将蓝色素材贴入车窗内，取消选区，效果如图 1-2-37 所示。

步骤05 在"图层"面板中选中图层 1，单击"图层"面板下方的"添加图层蒙版"按钮 。

步骤06 选中图层蒙版并填充黑色，执行"编辑"→"渐隐"命令，调节参数，如图 1-2-38 所示，从而改变蓝色窗部分的不透明度，如图 1-2-39 所示。最终效果如图 1-2-40 所示。

图 1-2-37

图 1-2-38

图 1-2-39

图 1-2-40

步骤07 将最终效果保存到指定文件夹中。

练习实例 1.4 制作组合图像

扫一扫，看视频

文件路径	资源包 \ 项目 1\ 练习实例 1.4 制作组合图像
难易指数	★★☆☆☆
技术要领	快速选择工具

案例效果: 如图 1-2-41 所示。

图 1-2-41

案例素材: 如图 1-2-42 所示。

1.png   2.png   3.png

图 1-2-42

案例说明: 调整画布尺寸大小, 使用快速选择工具, 选取荷花素材, 将其拖入到池塘图像中, 执行"图层样式"→"投影"命令, 最后调整文字位置大小, 完成组合图像的操作。

案例知识点: 选区工具——快速选择工具。

案例实施:

步骤 01 分别打开资源包路径中的三个素材文件: 1.png、2.png、3.png。

步骤 02 在荷花池塘素材文件 1.png 中, 执行"图像"→"画布大小"命令, 打开"画布大小"对话框, 如图 1-2-43 所示, 调整画布尺寸参数, 池塘效果如图 1-2-44 所示。

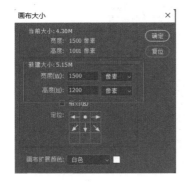

图 1-2-43

图 1-2-44

步骤 03 选中素材文件 2.png，选择快速选择工具，在选项栏中单击"添加到选区"按钮，选取荷花素材，同时通过 Shift 键和 Alt 键增加和减少选区，如图 1-2-45 所示。

步骤 04 使用移动工具，将选取的荷花拖入到池塘图像中，生成图层 1，按 Ctrl+T 快捷键，适当调整图片大小，如图 1-2-46 所示。

图 1-2-45

图 1-2-46

步骤 05 选中荷花图层 1，执行"图层"→"图层样式"→"投影"命令，参数设置如图 1-2-47 所示，最后效果如图 1-2-48 所示。

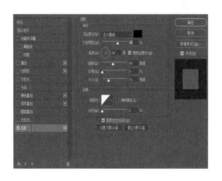

图 1-2-47

图 1-2-48

步骤 06 选中文字素材 3.png，使用移动工具将文字拖入到池塘图像中，生成图层 2，按 Ctrl+T 快捷键，适当调整图片大小，最终效果如图 1-2-49 所示。

图 1-2-49

步骤 07　将最终效果保存到指定文件夹中。

练习实例 1.5　制作合成全景图像

文件路径	资源包＼项目 1＼练习实例 1.5 制作合成全景图像
难易指数	★★☆☆☆
技术要领	橡皮擦工具

案例效果：如图 1-2-50 所示。

图 1-2-50

案例素材：如图 1-2-51 所示。

1.png　　　　　　　　　　2.png　　　　　　　　　3.png

图 1-2-51

案例说明：通过调整画布尺寸大小，选择并调整三张图片的大小和不透明度，使用橡皮擦工具，擦除重叠部分，完成三幅图片的全景合成图像制作。

案例知识点：选区工具——橡皮擦工具。

案例实施：

步骤 01　分别打开资源包路径中的三个素材文件：1.png、2.png、3.png。

步骤 02　在素材文件 1.png 中，执行"图像"→"画布大小"命令，打开"画布大小"对话框，调整画布尺寸，参数设置如图 1-2-52 所示。

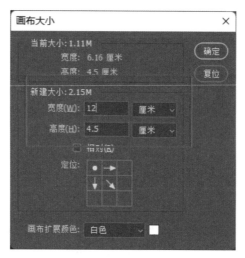

图 1-2-52

步骤 03　使用移动工具把素材 2.png 拖入到背景 1.png 中，生成图层 1，按 Ctrl+T 快捷键调整其大小，如图 1-2-53 所示。

图 1-2-53

步骤 04　在"图层"面板中选中图层 1(2.png)，调整其不透明度，使用移动工具将左边与 1.png 右边的相同部分重叠，如图 1-2-54 所示。

图 1-2-54

步骤 05　选择橡皮擦工具，在选项栏中调节不透明度和流量的数值

| 模式: 画笔 ∨ | 不透明度: 55% ∨ | 流量: 43% ∨ | 平滑: 0% ∨ |，擦除图层 1 与背景左侧的重叠部分，如图 1-2-55 所示。

图 1-2-55

步骤 06　依照步骤 03 到步骤 05 的操作，把 3.png 素材文件中的图像移入背景 1.png 中，完成三幅图片的全景合成图，最终效果如图 1-2-56 所示。

图 1-2-56

步骤 07　将最终效果保存到指定文件夹中。

练习实例 1.6　制作画框效果

扫一扫，看视频

文件路径	资源包 \ 项目 1 \ 练习实例 1.6 制作画框效果
难易指数	★★☆☆☆
技术要领	魔棒工具

案例效果：如图 1-2-57 所示。

案例素材：如图 1-2-58 所示。

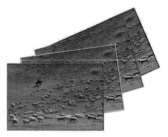

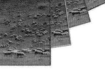

图 1-2-57   图 1-2-58

案例说明：通过调整画布尺寸大小，创建空白边框选区，使用魔棒工具选中边缘区域，填充四种不同颜色画框，调整旋转至适当角度，制作四个不同的画框效果。

案例知识点：选区工具——魔棒工具。

案例实施：

步骤 01　打开资源包路径中的 1.png 素材文件。

步骤 02　在打开的素材文件中，执行"图像"→"画布大小"命令，打开"画布大小"对话框，调整画布尺寸，参数设置如图 1-2-59 所示，调整后的效果如图 1-2-60 所示。

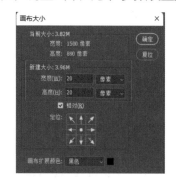

图 1-2-59   图 1-2-60

步骤 03　按 Ctrl+J 快捷键将背景图层拷贝为新图层，生成图层 1。使用魔棒工具选中边缘的黑色区域，创建边框选区，如图 1-2-61 所示。

步骤 04　用土黄色 (#d58c0e) 填充边框选区，执行"编辑"→"填充"命令，用图案填充选区；设置图案为"褶皱"、模式为"叠加"，如图 1-2-62 所示。

图 1-2-61   图 1-2-62

步骤 05 执行"图层"→"新建"→"通过剪切的图层"命令，把边框剪切为新图层，生成图层 2，并为图层 2 添加投影，参数设置如图 1-2-63 所示，效果如图 1-2-64 所示。

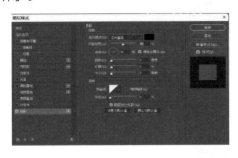

图 1-2-63

图 1-2-64

步骤 06 按 Ctrl+E 快捷键向下合并图层 1，生成新的图层 1，为图层 1 添加投影效果。按 Ctrl+T 快捷键，在出现调整手柄后按住 Shift 和 Alt 键拖动，以图像中心为缩放点等比例缩小图像，如图 1-2-65 所示。

图 1-2-65

步骤 07 依照步骤 03 到步骤 06 的操作，分别做出灰白色、浅蓝色和绿色画框（色值分别为 #d9d4cc、#389ddd 和 #38ec4d)，用白色填充背景图层，如图 1-2-66 所示。

步骤 08 在"图层"面板中分别选中灰白色、蓝色和墨绿色画框图层，按 Ctrl+T 快捷键将它们分别旋转至适当角度 W: 100.00% ∞ H: 100.00% △ -4.00 度 H: 0.00 度 V: 0.00 度（参考每次旋转 4 度），并将其移动到合适位置，最终效果如图 1-2-67 所示。

图 1-2-66

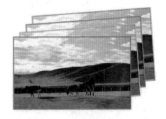

图 1-2-67

步骤 09 将最终效果保存到指定文件夹中。

练习实例 1.7　制作隧道造型

扫一扫，看视频

文件路径	资源包\项目 1\练习实例 1.7 制作隧道造型
难易指数	★★★☆☆
技术要领	单行选框工具、单列选框工具和魔棒工具

案例效果：如图 1-2-68 所示。

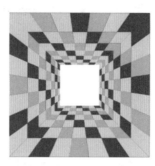

图 1-2-68

案例说明：使用单行选框工具和单列选框工具制作黑色线格，使用魔棒工具将线格分别填充黄色 (#f4dd0f)、绿色 (#0ad197) 和蓝色 (#2735bb)，通过复制、变换组合成隧道形状效果。

案例知识点：选区工具——单行选框工具、单列选框工具和魔棒工具。

案例实施：

步骤01　新建一个宽和高分别为 1400 像素和 1400 像素、分辨率为 300dpi、RGB 模式的文件，其他参数保持默认设置，如图 1-2-69 所示。

步骤02　在"图层"面板中新建图层 1，使用单行选框工具和单列选框工具并按住Shift 键选择选区，形成网格选区，用黑色填充选区，形成黑色线格，如图 1-2-70 所示。

图 1-2-69

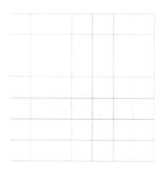

图 1-2-70

步骤 03 将图层 1 载入选区，执行"选择"→"反向"命令，选中线格内部区域，用黄色 (#f4dd0f) 填充选中区域，按 Ctrl+D 快捷键取消选区，如图 1-2-71 所示。

步骤 04 使用魔棒工具 (在选项栏中勾选"连续"复选框)，选中部分网格区域并填充绿色 (#0ad197)，如图 1-2-72 所示。

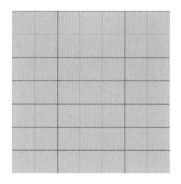

图 1-2-71

图 1-2-72

步骤 05 依照步骤 04 的操作，为部分网格填充蓝色 (#2735bb)，如图 1-2-73 所示。

步骤 06 在"图层"面板中复制 3 个图层 1 的副本，如图 1-2-74 所示。

图 1-2-73

图 1-2-74

步骤 07 选中图层 1，隐藏其他 3 个副本图层，按 Ctrl+T 快捷键进行缩放、斜切等自由变换操作，并移动图像到画布下侧位置，如图 1-2-75 所示。

步骤 08 依照步骤 07 的操作，分别对 3 个副本层进行自由变换操作，分别移动到画布左侧、上侧及右侧进行组合，形成最终的隧道造型效果，如图 1-2-76 所示。

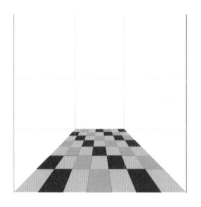

图 1-2-75

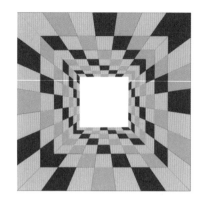

图 1-2-76

步骤 09　将最终效果保存到指定文件夹中。

▲提示　① 上下左右参考线分别为 500 像素和 900 像素。
② 利用"视图"菜单中的"新建参考线"命令可设置列数和行数的参考线数量。

练习实例 1.8　制作蔬菜娃娃

扫一扫，看视频

文件路径	资源包 \ 项目 1\ 练习实例 1.8 制作蔬菜娃娃
难易指数	★★★☆☆
技术要领	磁性套索工具

案例效果：如图 1-2-77 所示。

案例素材：如图 1-2-78 所示。

图 1-2-77

图 1-2-78

案例说明：使用磁性套索工具等操作工具，选择樱桃与胡萝片制作眼睛，用辣椒制作眉毛，以草莓作为鼻子，猕猴桃作为嘴巴，选取果肉部分作为耳朵等，合成蒜苗蝴蝶结与蘑菇帽，完成蔬菜娃娃效果的制作。

案例知识点: 选区工具—磁性套索工具。

案例实施:

步骤 01   分别打开资源包中的 1.png 和 2.png 这两个素材文件。

步骤 02   新建一个宽和高分别为 1400 像素和 1400 像素、分辨率为 300dpi、RGB 模式的文件,其他参数保持默认设置,如图 1-2-79 所示。

步骤 03   在素材文件 1.png 中,使用磁性套索工具,沿香梨的边缘创建选区。使用移动工具,把香梨选区拖入到新文件中,生成图层 1,调整其大小并将它摆放到合适的位置,如图 1-2-80 所示。

图 1-2-79

图 1-2-80

步骤 04   依照步骤 03 的操作,分别把素材文件中的葡萄、胡萝卜移入新文件中用于制作眼睛,把猕猴桃、草莓、蘑菇等移入,用于制作嘴巴等部分,注意图像间的相互遮挡关系,调整图层顺序,如图 1-2-81 所示。

步骤 05   在素材文件 1.png 中,使用磁性套索工具选择辣椒,创建选区,使用移动工具把辣椒拖入到新文件中,用于制作眉毛,按 Ctrl+T 快捷键进行缩放和旋转后,将其摆放到合适位置,如图 1-2-82 所示。

图 1-2-81

图 1-2-82

步骤 06 复制辣椒图层，执行"编辑"→"变换"→"水平翻转"命令，制作出对称眉毛效果，如图 1-2-83 所示。

步骤 07 依照步骤 05 和步骤 06 的操作，把橙子果肉部分移入到新文件中，用于制作耳朵，将素材文件 2.png 中的蒜苗移入到新文件中，用于制作领结效果，最终效果如图 1-2-84 所示。

图 1-2-83

图 1-2-84

步骤 08 将最终效果保存到指定文件夹中。

练习实例 1.9 制作书写纸效果

扫一扫，看视频

文件路径	资源包\项目 1\练习实例 1.9 制作书写纸效果
难易指数	★★★★☆
技术要领	椭圆选框工具、矩形选框工具

案例效果：如图 1-2-85 所示。

案例素材：如图 1-2-86 所示。

图 1-2-85

图 1-2-86

案例说明：使用椭圆选框工具制作白色半透明状同心圆，分别放置在背景左上角与右下角，制作高和宽分别为 1300 像素和 1100 像素的矩形，填充白色，绘制线格，制作装订环扣，添加纸张阴影，完成书写纸效果的制作。

案例知识点：选区工具——椭圆选框工具、矩形选框工具。

案例实施：

步骤 01 打开资源包路径中的 1.png 素材文件。

步骤 02 在"图层"面板中新建图层 1，选择椭圆选框工具并按住 Shift 键绘制正圆选区，把选区移到左上角位置（一部分在画布外），执行"编辑"→"描边"命令，给选区描黄色 (ffff00)(4 像素)，如图 1-2-87 所示。

步骤 03 在选区内右击，在弹出的快捷菜单中选择"变换选区"命令，按住 Shift 键和 Alt 键拖动鼠标左键，以圆心为中心点等比例扩大选区。执行"编辑"→"描边"命令，给选区描黄色 (ffff00)(4 像素)，取消选区，做两次类似的操作，完成左上角的同心圆效果，调整图层 1 的不透明度为 30%，如图 1-2-88 所示。

图 1-2-87

图 1-2-88

步骤 04 新建图层 2，依照步骤 02 和步骤 03 的操作，制作出右下角的同心圆效果，如图 1-2-89 所示。

步骤 05 新建图层 3，使用矩形选框工具绘制一个高和宽分别为 1300 像素和 1100 像素的矩形选区（固定大小宽度：1100 像素，高度：1300 像素），为其填充白色，做出纸张效果，如图 1-2-90 所示。

图 1-2-89

图 1-2-90

步骤 06 新建图层 4，按 Ctrl+R 快捷键打开标尺，选择单行选框工具并按住 Shift 键绘制均匀线格选区，描边为黑色 (3 像素)，取消选区，如图 1-2-91 所示。

步骤 07 按住 Ctrl 键，用鼠标单击图层 3 的缩览图，将图层 3 作为选区载入。执行"选择"→"反向"命令，按 Delete 键删除图层 4 中超出选区部分的线格，调整图层 4 的不透明度为 40%，如图 1-2-92 所示。

图 1-2-91

图 1-2-92

步骤 08 新建图层 5，选择椭圆选框工具，按住 Shift 键并拖动鼠标绘制小正圆形选区，填充黑色，调整到合适位置。新建图层 6，使用椭圆选框工具绘制椭圆选区，执行"编辑"→"描边"命令，为选区描灰色边框 (2 像素)，做出环形，调整位置。使用橡皮擦工具擦除部分环形，按 Ctrl+E 快捷键将图层 5 和图层 6 合并为新的图层 5，形成环扣效果，如图 1-2-93 所示。

步骤 09 按 Ctrl+J 快捷键复制多个环扣副本，使用移动工具将它们水平排开。在"图层"面板中选中所有的环扣图层 (按住 Shift 键可多选)，单击工具栏中的"水平居中分布"按钮■，效果如图 1-2-94 所示。

图 1-2-93

图 1-2-94

步骤⑩　在"图层"面板中选中图层 3(纸张效果),添加阴影效果,最终效果如图 1-2-95 所示。

图 1-2-95

练习实例 1.10　制作造型

扫一扫,看视频

文件路径	资源包\项目 1\练习实例 1.10　制作造型
难易指数	★★★☆☆
技术要领	椭圆选框工具

案例效果:如图 1-2-96 所示。

图 1-2-96

案例说明:使用椭圆选框工具制作深蓝色 (#01177d)、绿色 (#39d707)、橙色 (#d4750e)、粉红色 (#f426f6) 椭圆形月牙,完成组合月牙形状效果的制作。

案例知识点:选区工具——椭圆选框工具。

案例实施:

步骤01　新建一个宽和高分别为 1400 像素和 1400 像素、分辨率为 300dpi、RGB 模式的文件,其他参数保持默认设置,如图 1-2-97 所示。

步骤02 在"图层"面板中新建图层 1，选择椭圆选框工具，在选项栏中选择"固定大小"样式，设置宽度和高度均为 1200 像素 (样式: 固定大小 ∨ 宽度: 1200 像 ↔ 高度: 1200 像)，画一个正圆选区，并填充深蓝色 (#01177d)，如图 1-2-98 所示。

图 1-2-97   图 1-2-98

步骤03 执行"选择"→"修改"→"收缩"命令，缩小圆形选区，收缩量为 15。向左平移选区到适当位置，如图 1-2-99 所示。按 Delete 键删除圆形区域，按 Ctrl+D 快捷键取消选区，如图 1-2-100 所示。

图 1-2-99   图 1-2-100

步骤04 在"图层"面板中新建图层 2，选择椭圆选框工具，在选项栏中选择"正常"样式，画一个大小适中的椭圆选区。在选区内右击，在弹出的快捷菜单中选择"变换选区"命令，向右上旋转选区并填充绿色 (#39d707)，如图 1-2-101 所示。

步骤05 执行"选择"→"修改"→"收缩"命令，缩小椭圆选区，向右上移动并适当变换选区，如图 1-2-102 所示，按 Delete 键删除椭圆区域，按 Ctrl+D 快捷键取消选区，如图 1-2-103 所示。

步骤06 依照步骤 04 和步骤 05 的操作，分别做出橙色 (#d4750e)、粉红色

(#f426f6) 月牙状，并适当调整大小和位置，最终效果如图 1-2-104 所示。

步骤 07 将最终效果保存到指定文件夹中。

图 1-2-101

图 1-2-102

图 1-2-103

图 1-2-104

本项目的拓展案例可扫描以下二维码获取。

拓展案例 1.1

拓展案例 1.2

拓展案例 1.3

拓展案例 1.4

拓展案例 1.5

项目小结

　　本项目主要是带领学生学习建立选区、编辑选区、修饰选区三个方面的内容，通过对选区工具的使用，能够正确地建立选区形状或选取物体，同时根据题目要求对选区进行变换和编辑，最后参照案例效果图，实现选区修饰，达到最终效果，在 Photoshop 2020 版本操作中可结合魔棒工具组和套索工具组进行灵活使用，同时，在拓展模块部分，教师可结合课程思政内容，适当增加中国传统文化案例内容。

项目**2**

图 像 调 色

项目导读

调色是数码照片编修中非常重要的功能，图像的色彩在很大程度上能够决定图像的"好坏"，与图像主题相匹配的色彩才能够正确传达图像的内涵，本项目主要是讲解图像的颜色模式和图像调色工作。常见的调整图像色调命令主要有色阶、曲线、色相/饱和度、色彩平衡、亮度/对比度等。

技能目标

(1) 掌握不同的图像颜色模式。

(2) 掌握常用的图像"调色"命令。

(3) 熟练掌握调整图像明暗、对比的方法。

(4) 掌握图像色彩倾向的调整。

情感目标

(1) 能够进行审美能力和艺术修养提升。

(2) 能够结合专业特点，融入传统文化，深刻认识专业技能学习和艺术职业素养相结合的时代精神。

(3) 能够掌握 Photoshop 图像色相饱和度、对比度调整工具的使用方法，具备工匠精神与创新精神。

案例欣赏

思维导图

2.1 知识点链接

知识点 2.1 **图像的颜色模式**

　　想要掌握图像的调色技巧，首先要了解图像的颜色模式。图像颜色模式不同，执行的调整命令也会有所不同。图像的颜色模式主要有位图模式、灰度模式、索引颜色模式、RGB 颜色模式、CMYK 颜色模式等，其中 RGB 和 CMYK 是设计中最常用的两种颜色模式。

1. 位图模式

　　位图模式是指只使用黑、白两种颜色中的一种来表示图像中的像素。它包含的颜色信息最少，图像文件也最小。由于位图模式只能包含黑、白两种颜色，因此将一幅彩色图像转换为位图模式时，需要先将其转换为灰度模式，将图像的所有色彩信息删除，转换为位图模式后，仅保留彩色图像的亮度值。

　　以如图 2-1-1 所示的 RGB 颜色模式的图像为例，在通道面板中可以看出，RGB 颜色模式的图像由红、绿和蓝 3 种颜色通道组成，如图 2-1-2 所示。大多数的显示器均采用此种色彩模式。

图 2-1-1

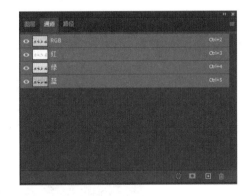

图 2-1-2

　　将图像从 RGB 颜色模式转换为位图模式，首先执行"图像"→"模式"→"灰度"命令，将图像从 RGB 颜色模式转换为灰度模式。将图像转换为灰度模式后，将弹出"信息"对话框，如图 2-1-3 所示。单击"扔掉"按钮即可得到灰度模式的图像，如图 2-1-4 所示。

执行"图像"→"模式"→"位图"命令打开"位图"对话框，如图 2-1-5 所示。单击"确定"按钮后，得到位图模式的图像，如图 2-1-6 所示。

图 2-1-3

图 2-1-4

图 2-1-5

图 2-1-6

2．灰度模式

灰度模式中只存在灰度，最高可达 256 级灰度，当一个彩色文件被转换为灰度模式时，如图 2-1-7 所示，Photoshop 会将图像中的色相及饱和度等有关色彩的信息删除，只留下亮度信息。灰度值可以用黑色油墨覆盖的百分比来表示，0% 代表白色、100% 代表黑色，而颜色调色板中的 K 值用于衡量黑色油墨的量。

图 2-1-7

3. 索引颜色模式

索引颜色模式是有 8 位颜色深度的颜色模式，该模式采用一个颜色表来存放并索引图像中的颜色，最多可有 256 种颜色。如果原图像中的某种颜色没有出现在该表中，则 Photoshop 2020 将选取现有颜色中最接近的一种，或使用现有颜色模拟该颜色。索引颜色模式会丢失部分色彩信息，所以可以减小图像文件大小。这种颜色模式的图像广泛应用于网络图形、游戏制作中，常见格式有 GIF、PNG-8 等。JPEG 格式的文件可执行"文件"→"导出"→"存储为 WEB 所用格式"命令，在弹出的对话框中选择存储为 GIF 或 PNG-8 索引格式，如图 2-1-8 所示。

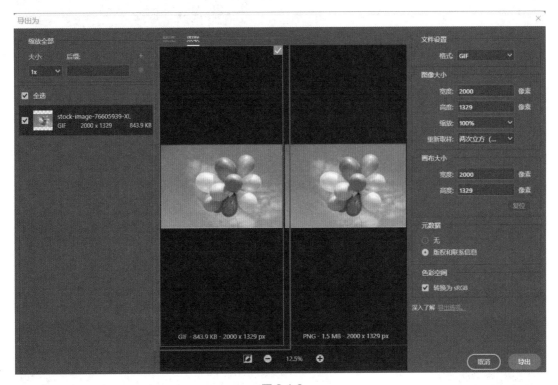

图 2-1-8

4. RGB 颜色模式

RGB 颜色模式是由红、绿、蓝 3 个颜色通道的变化及相互叠加产生的。RGB 分别代表 Red（红色）、Green（绿色）和 Blue（蓝）3 个通道，在通道面板中可以查看到这 3 种颜色通道的状态信息，如图 2-1-9 所示。RGB 颜色模式是一种发光模式（也叫加色模式）。RGB 颜色模式下的图像只有在发光体上才能显示出来，如手机、计算机、电视等显示屏。该颜色模式包含的颜色信息（色域）有 1670 多万种，几乎包含了人类眼睛所能感知到的所有颜色，是进行图像处理时最常使用的一种颜色模式。

图 2-1-9

5. CMYK 颜色模式

　　CMYK 颜色模式是指当阳光照射到一个物体上时，这个物体将吸收一部分光线，并对剩下的光线进行反射，反射的光线就是我们所看见的物体颜色。CMYK 颜色模式也叫减色模式，该颜色模式下的图像只有在印刷体上才可以看到，如纸张。CMYK 代表印刷用的 4 种颜色，C 代表 Cyan(青色)，M 代表 Magenta(洋红色)，Y 代表 Yellow(黄色)，K 代表 Black(黑色)。因为在实际应用中，青色、洋红色和黄色很难叠加形成真正的黑色，所以才引入了 K。CMYK 颜色模式包含的颜色总数比 RGB 颜色模式少很多，在通道面板中可以查看到这 4 种颜色通道的状态信息，如图 2-1-10 所示。

图 2-1-10

知识点 2.2 图像的调整命令

图像调整命令可以对图像的色调和色彩进行调整，是照片后期处理中不可或缺的工具。Photoshop 2020 中提供了很多图像调整命令，本节主要讲解常用的色阶、曲线、色相/饱和度、色彩平衡等调整命令。

1. 色阶

"色阶"命令主要用于整体调整图像的色调，在"输入色阶"或"输出色阶"文本框中输入数值或拖曳滑块，就可以将图像中的所有色调变亮或变暗，还可以拖曳"输出色阶"的滑块来降低图像的对比度。执行"图像"→"调整"→"色阶"命令可以打开"色阶"对话框，也可以按快捷键 Ctrl+L 打开"色阶"对话框，如图 2-1-11 所示。

"色阶"对话框中各选项的含义如下。

预设。单击"预设"下拉列表框右侧的下拉按钮 ，在弹出的下拉列表中有多个设置好的值，其主要作用是对图像进行各种明暗变化的调整。

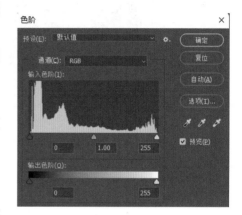

图 2-1-11

(1) 通道。单击"通道"下拉列表框右侧的下拉按钮 ，在打开的下拉列表中选择所要调整的通道，再拖曳下方的滑块调节单个通道的明暗，从而改变画面的色调和对比度。

(2) 输入色阶。在"色阶"对话框中有 3 个滑块，分别用于调整图像的暗部区域、中间色调及亮部区域。拖曳相应的滑块即可对相应的区域进行调整。

(3) 自动。单击"自动"按钮后，系统会解析图像的色调分布并自动进行明暗对比调节。

(4) 吸管工具组。在吸管工具组中单击相应的按钮使其呈高亮显示后，将鼠标指针移到图像中并单击，可进行取样。单击"设置黑场"按钮 可使图像变暗；单击"设置灰点"按钮 可以用取样点像素的亮度来调整图像中所有像素的亮度；单击"设置白场"按钮 可以为图像中所有像素的亮度值加上取样点像素的亮度值，从而使图像变亮。

(5) "预览"选项。选中该选择项可以在图像窗口中预览效果。

执行"色阶"命令进行调节时，多通过"输入色阶"3 个黑、白、灰滑块的调节来实现画面明暗对比的调节。以图 2-1-12 所示的图像为例，画面整体偏暗，使用色阶工具并执行"图像"→"调整"→"色阶"命令打开"色阶"对话框，将鼠

图 2-1-12

标指针移动到直方图下方的白色滑块上，按住鼠标左键向左拖曳白色滑块，即可提亮画面；向右拖曳黑色滑块，适当压暗画面暗部；向左拖曳灰色滑块增加亮部区域的范围，使画面明暗过渡更自然，单击"确定"按钮后得到最终效果，如图 2-1-13 所示。

图 2-1-13

2．曲线

曲线是指调整曲线的斜率和形状来实现对图像色彩、对比度和亮度的调整，使图像的色彩更加协调。执行"图像"→"调整"→"曲线"命令，可以打开"曲线"对话框，按快捷键 Ctrl+M 也可以打开该对话框，如图 2-1-14 所示。

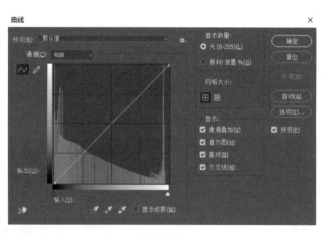

图 2-1-14

"曲线"对话框中各选项的含义如下。

(1) 预设。单击"预设"下拉列表框右侧的下拉按钮，在弹出的下拉列表中有多个设置好的值，可以直接对图像进行变换。选择不同的选项，"曲线"对话框中的参数也不相同，可以调整出颜色各异的图像。

(2) 通道。默认选择 RGB 颜色模式，调整曲线时将对全图进行调节，也可选择不同的颜色通道进行调节。

(3) 曲线调整框。横轴代表的是像素的明暗分布，最左边是暗部，最右边是亮部，中间就是中间调。曲线中间有一条对角线，操作曲线其实就是调整对角线的位置。单击可在曲线上添加控制点，然后对它进行上下调整。将点往上调整，对角线就会移动到原来位置的上方，图片就会变亮；将点往下调整，对角线就会移动到原来位置的下方，图片就会变暗。

(4) 显示选项组。勾选相应的选项可决定中间曲线显示的详细参数。

执行"曲线"命令调节画面的明暗对比时，多通过手动调节中间曲线的形态来实现。以图 2-1-15 所示的图像为例，画面的明暗对比较弱，执行"图像"→"调整"→"曲线"命令打开曲线对话框，在曲线调整框中的曲线的右侧亮部区域单击添加控制点，向上拖曳曲线提亮画面的亮部；在曲线的左侧暗部区域单击添加控制点，向下拖曳曲线压暗画面的暗部，此时画面的明暗对比增强，效果如图 2-1-16 所示。

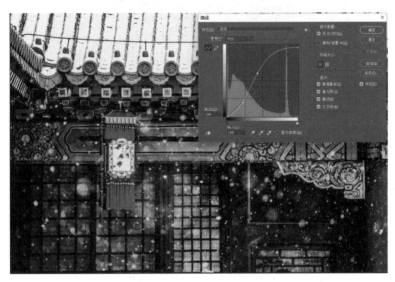

图 2-1-15

图 2-1-16

3. 色相/饱和度

"色相 / 饱和度"命令可以调节整张图片，也可以针对单个颜色调节其色相、饱和度和明度值。执行"图像"→"调整"→"色相 / 饱和度"命令或按快捷键 Ctrl+U，可以打开"色相 / 饱和度"对话框，如图 2-1-17 所示。

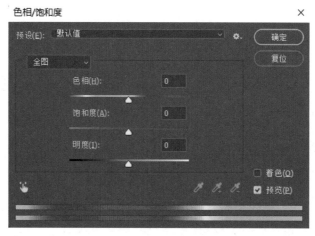

图 2-1-17

"色相 / 饱和度"对话框中各选项的含义如下。

(1) 编辑方式。默认选择"全图"选项，可以同时调节图像中的所有颜色。当选择某个颜色时，可以单独调节其色相、饱和度和明度值。

(2) 色相。拖曳"色相"选项下方的滑块能够调节图像的色相，调整色相数值可以制作出多种色彩效果。以如图 2-1-18 所示的图像为例，向左拖曳滑块使其数值为负值，这里调节为 -80，效果如图 2-1-19 所示。

图 2-1-18

图 2-1-19

　　(3) 饱和度。拖曳"饱和度"选项下方的滑块能够调节图像的饱和度。向右拖曳滑块可增加饱和度,向左拖曳滑块可降低饱和度。图 2-1-20 所示为未调节饱和度的效果,画面颜色比较灰暗;图 2-1-21 所示为调节饱和度后的效果,画面颜色变得更鲜艳。

图 2-1-20

图 2-1-21

(4) 明度。拖曳"明度"选项下方的滑块能够调节图像的明度。向左拖曳滑块可使画面整体变暗,直至变成纯黑色;向右拖曳滑块可使画面整体变亮,直至变成纯白色。

(5) 着色。选中"着色"复选框,可以将图像变成单一颜色的图像。以如图 2-1-22 所示的图像为例,选中"单色"复选框后,拖曳色相滑块至蓝色位置,图像变为只有蓝色的图像,效果如图 2-1-23 所示。

图 2-1-22

图 2-1-23

(6) 吸管工具组。选择任意颜色选项可激活吸管,或单击■按钮,将鼠标指针移动到画面中,会自动切换为吸管,单击画面中的任意颜色,"全图"选项会切换为所选颜色对应的选项。吸管工具■用于选取调节的颜色,选择添加到取样工具■吸取画面颜色时可增加调色范围,选择从取样中减去工具■吸取画面颜色时可减少调色范围。这时调节色相、饱和度和明度只会针对特定颜色进行调色。

在实际操作中，很少对图片的整体色相进行调整，进行局部微调居多。以图 2-1-24
所示的图像为例，将上方的绿色马卡龙调整为紫色。激活吸管工具，使用吸管工具单击绿
色马卡龙，设置调色范围为绿色。使用添加到取样工具适当增加调节范围，然后对其色
相和饱和度进行调节，效果如图 2-1-25 所示，绿色马卡龙变为紫色，且其他颜色受影
响较少。

图 2-1-24

图 2-1-25

▲提示　饱和度为 0 时，图像会变为黑白色图像，这与"去色"调整命令的效果相同。
按快捷键 Ctrl+Shift+U 可直接将图像变为黑白色图像。

4. 色彩平衡

"色彩平衡"命令用于更改图像中出现的颜色偏差，添加不同的色彩可改变图像的
冷暖。执行"图像"→"调整"→"色彩平衡"命令打开"色彩平衡"对话框，按快捷键
Ctrl+B 也可打开该对话框，如图 2-1-26 所示。

图 2-1-26

"色彩平衡"对话框中各选项的含义如下。

(1)"色彩平衡"选项组。在"色阶"文本框中可以输入 -100 ~ 100 的数值来改变图像的色调偏向，也可以拖曳下方任意一个颜色滑块改变图像的色调偏向。

以如图 2-1-27 所示的图像为例，将蜥蜴周围环境的颜色调节为偏暖色调，可将青色和红色之间的滑块向红色拖曳，将黄色和蓝色之间的滑块向黄色拖曳，增加图像中的红色和黄色，最终效果如图 2-1-28 所示。

图 2-1-27

图 2-1-28

(2)"色调平衡"选项组。用于选择需要进行调整的色彩范围,包括"阴影""中间调"和"高光"3 个单选按钮。选择其中一个单选按钮,就可以对相应的像素进行调整。若选中"保持明度"复选框,调整色彩时将保持图像的亮度不变。

> ▲提示 在色彩平衡对话框中按住 Alt 键单击"取消"按钮将切换为"复位"按钮,单击"复位"按钮可快速将各选项恢复为原始状态。

5.创建调整图层

在 Photoshop 2020 中使用调整图层或调整命令都能进行调色。调整图层与调整命令的功能基本一致。

调整图层与调整命令最大的差别在于:使用调整命令对图片进行调整,其改变是不可逆的,会破坏原来图片的像素,属于破坏性编辑;而使用调整图层进行调整,所有的调色结果都将放在一个新的图层上,属于非破坏性编辑。因此,对图片进行比较复杂的调色处理时,建议使用调整图层进行处理。调整图层结合蒙版可对图片的局部进行精细调整,操作起来更加方便,还可以方便后续的修改和编辑。

具体操作方法如下。首先打开本课提供的如图 2-1-29 所示的图片,单击图层面板下方的 按钮,在弹出的快捷菜单中选择相应的调整图层,这里选择"色相 / 饱和度"调整图层,将画面调整为黑白色调。结合图层蒙版将中间色相调整效果隐藏,这时画面中间的杯子恢复彩色色调,其他位置仍为黑白色调,最终效果如图 2-1-30 所示。

图 2-1-29

图 2-1-30

　　在 Photoshop 2020 中有很多种调整命令，有些调整命令在作用效果上大同小异，不需要全部掌握。更重要的是对色彩的理解和对主要的几个调整命令的灵活掌握。其中，"曲线"和"色阶"命令的主要作用是增强画面的明暗对比度，"色相 / 饱和度"命令主要调节图片的饱和度和整体的色调，"色彩平衡"命令主要通过颜色的添加来改变画面的冷暖，比"色相 / 饱和度"调节得更细致。清楚了这些，其实调色就没有那么难了。

2.2　练习实例

练习实例 2.1　制作彩色效果

扫一扫，看视频

文件路径	资源包 \ 项目 2\ 练习实例 2.1 制作彩色效果
难易指数	★★☆☆☆
技术要领	色相 / 饱和度、图层混合模式、亮度 / 对比度

　　案例效果：如图 2-2-1 所示。
　　案例素材：如图 2-2-2 所示。

图 2-2-1

图 2-2-2

案例说明：使用魔棒工具和磁性套索工具选取素材，通过套索工具增加或减少选区以及反选操作，把素材拖移到背景图中，生成新图层，调整图层前后遮挡关系，完成效果图的制作。

案例知识点：图像调色——色相 / 饱和度、图层混合模式、亮度 / 对比度。

案例实施：

步骤 01 打开资源包路径中的 1.png 素材文件，如图 2-2-3 所示。

步骤 02 使用选区工具创建面部和脖颈处的皮肤选区，新建图层 1，设置前景色为棕褐色 (#c4812b)，调整色相，着色为前景的棕褐色，如图 2-2-4 所示。

图 2-2-3

图 2-2-4

步骤 03 使用相同方法，创建人物的手臂选区，新建图层 2，同样调整色相着色为前景的棕褐色，如图 2-2-5 和图 2-2-6 所示。

图 2-2-5

图 2-2-6

步骤 04 调整填充的选区图层 (图层 1 和图层 2) 的图层混合模式为"颜色",保持原背景图像的明暗与对比度,如图 2-2-7 和图 2-2-8 所示。

图 2-2-7   图 2-2-8

步骤 05 使用选框工具创建吉他选区,新建图层 3,同样调整色相着色为棕褐色,如图 2-2-9 所示,设置其图层混合模式为"颜色",效果如图 2-2-10 所示。

图 2-2-9   图 2-2-10

步骤 06 将最终效果保存到指定文件夹中。

练习实例 2.2　制作头发调色效果

扫一扫,看视频

文件路径	资源包 \ 项目 2\ 练习实例 2.2 制作头发调色效果
难易指数	★★☆☆☆
技术要领	快速蒙版模式、画笔工具、色相 / 饱和度

案例效果: 如图 2-2-11 所示。

案例素材: 如图 2-2-12 所示。

图 2-2-11

图 2-2-12

案例说明：在"快速蒙版模式"下，使用画笔工具，创建人物头发选区，再执行"图像"→"调整"→"色相／饱和度"命令对头发进行着色，制作头发调色效果。

案例知识点：图像调色——快速蒙版模式、画笔工具、色相／饱和度。

案例实施：

步骤 01 打开资源包路径中的 1.png 人物素材文件，如图 2-2-13 所示。

步骤 02 单击工具箱中的"快速蒙版模式编辑"按钮（▣），使用画笔工具（注意调整画笔的大小和硬度）涂画人物的头发部分，如图 2-2-14 所示。

图 2-2-13

图 2-2-14

步骤 03 在"快速蒙版模式编辑"模式下，执行"选择"→"载入选区"命令，如图 2-2-15 所示。

步骤 04 再次单击工具箱中的"以快速蒙版模式编辑"按钮（▣），执行"选择"→"反向"命令，创建头发部分选区，并适当调整头发选区，如图 2-2-16 所示。

图 2-2-15

图 2-2-16

步骤 05 设置前景色为胡紫色 (#da7076)，执行"图像"→"调整"→"色相／饱和度"命令，在弹出的对话框中选中"着色"复选框并调整参数，参数设置如图 2-2-17 所示。

步骤 06 按 Ctrl+D 快捷键取消选区，最终效果如图 2-2-18 所示。

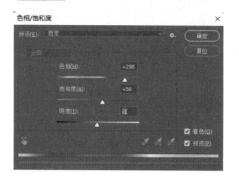

图 2-2-17

图 2-2-18

步骤 07 将最终效果保存到指定文件夹中。

练习实例 2.3　制作老旧照片效果

扫一扫，看视频

文件路径	资源包＼项目 2＼练习实例 2.3 制作老旧照片效果
难易指数	★★☆☆☆
技术要领	多边形套索工具、色相／饱和度、加深工具

案例效果：如图 2-2-19 所示。

案例素材：如图 2-2-20 所示。

图 2-2-19

图 2-2-20

案例说明：通过多边形套索工具选取书本和茶具选区，利用图像调色的"色相／饱和度"命令对照片进行着色处理，最后通过加深工具，制作老旧照片效果。

案例知识点：图像调色——多边形套索工具、色相／饱和度、加深工具。

案例实施：

步骤 01 打开资源包路径中的 1.png 背景素材文件，如图 2-2-21 所示。

步骤 02　使用多边形套索工具沿书本和茶具边缘选择，并创建选区，执行"选择"→"反向"命令，选择除书本和茶具之外的部分，填充颜色 (#9b9b9b)，如图 2-2-22 所示。

图 2-2-21　　　　　　　　　　　　　　　　图 2-2-22

步骤 03　再次执行"选择"→"反向"命令，选择书本和茶具选区，如图 2-2-23 所示。设置前景色为 #9b9b9b，执行"图像"→"调整"→"色相 / 饱和度"命令，在弹出的"色相 / 饱和度"对话框中选中"着色"复选框并设置参数，参数设置如图 2-2-24 所示，着色后的效果如图 2-2-25 所示。

步骤 04　使用加深工具在图像部分区域（书本和茶具边缘）做加深效果，并适当调整亮度与对比度，效果如图 2-2-26 所示。

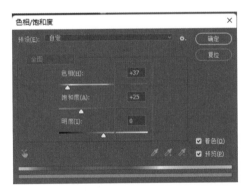

图 2-2-23　　　　　　　　　　　　　　　　图 2-2-24

图 2-2-25　　　　　　　　　　　　　　　　图 2-2-26

步骤 05 将最终效果保存到指定文件夹中。

练习实例 2.4　调整校正照片

扫一扫，看视频

文件路径	资源包 \ 项目 2 \ 练习实例 2.4 调整校正照片
难易指数	★★☆☆☆
技术要领	图像模式、色相 / 饱和度、色彩平衡、亮度 / 对比度

案例效果：如图 2-2-27 所示。

案例素材：如图 2-2-28 所示。

图 2-2-27

图 2-2-28

案例说明：首先调整照片为 RGB 模式，使用图像"色相 / 饱和度"对照片进行着色处理，执行色彩平衡和亮度 / 对比度命令，再次调整校正花朵照片。

案例知识点：图像调色——图像模式、色相 / 饱和度、色彩平衡、亮度 / 对比度。

案例实施：

步骤 01 打开资源包路径中的 1.jpg 花朵背景素材文件，如图 2-2-29 所示。

步骤 02 执行"图像"→"模式"→"RGB 颜色"命令，把图像转成 RGB 模式，使用快速选择工具沿花朵边缘选择花朵，创建选区，如图 2-2-30 所示。

图 2-2-29

图 2-2-30

步骤 03　执行"图像"→"调整"→"色相/饱和度"命令，调整花朵饱和度并进行着色，参数设置如图 2-2-31 所示，效果如图 2-2-32 所示。

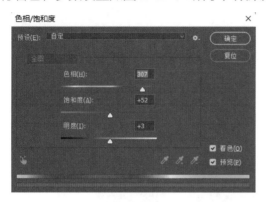

图 2-2-31　　　　　　　　　　　　　　　图 2-2-32

步骤 04　执行"图像"→"调整"→"亮度/对比度"命令，调整亮度/对比度，参数和效果如图 2-2-33 所示。

步骤 05　执行"选择"→"反向"命令，选择除花朵之外的区域，如图 2-2-34 所示。执行"图像"→"调整"→"色彩平衡"命令，参数设置如图 2-2-35 所示，最终效果如图 2-2-36 所示。

图 2-2-33　　　　　　　　　　　　　　　图 2-2-34

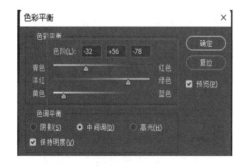

如图 2-2-35　　　　　　　　　　　　　　图 2-2-36

步骤 06　将最终效果保存到指定文件夹中。

练习实例 2.5　垃圾分类桶换色

扫一扫，看视频

文件路径	资源包 \ 项目 2\ 练习实例 2.5 垃圾分类桶换色
难易指数	★★☆☆☆
技术要领	色相 / 饱和度、魔棒工具、多边形套索工具

案例效果：如图 2-2-37 所示。

图 2-2-37

案例素材：如图 2-2-38 所示。

图 2-2-38

案例说明：通过魔棒工具选择灰色垃圾桶要保留的箭头标志和文字区域，使用多边形套索工具选择灰色垃圾桶区域，执行图像中的"色相 / 饱和度"命令，对桶身进行着色及调整颜色，达到垃圾分类桶换色效果。

案例知识点：图像调色——色相 / 饱和度、亮度 / 对比度。

案例实施：

步骤 01　打开资源包路径中的 1.png 垃圾分类桶素材文件，如图 2-2-38 所示。

步骤 02　使用魔棒工具选择灰色垃圾桶下部要保留的箭头标志和文字区域，如图 2-2-39 所示，按 Ctrl+J 快捷键把选区图像复制到新的图层，生成图层 1，如图 2-2-40 所示。

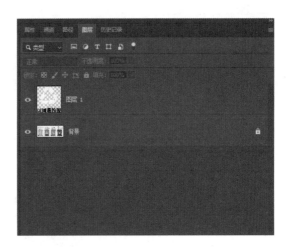

图 2-2-39　　　　　　　　　　　　　　　　　图 2-2-40

步骤 03　在图层面板中选中背景图层，使用多边形套索工具选择灰色垃圾桶区域（桶身），创建选区，设置前景色为蓝色 (#2625e2)。执行"图像"→"调整"→"色相／饱和度"命令，在弹出的对话框中选中"着色"复选框，调整桶身的色相、饱和度和明度，参数设置如图 2-2-41 所示，着色后桶身效果如图 2-2-42 所示。

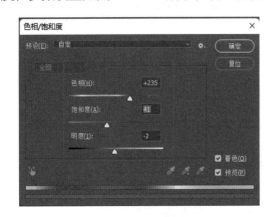

图 2-2-41　　　　　　　　　　　　　　　　　图 2-2-42

步骤 04　取消选区，最终效果如图 2-2-43 所示。

图 2-2-43

练习实例 2.6　花卉后期调色

文件路径	资源包 \ 项目 2\ 练习实例 2.6 花卉后期调色
难易指数	★★☆☆☆
技术要领	曲线

扫一扫，看视频

案例效果：如图 2-2-44 所示。

图 2-2-44

案例素材：如图 2-2-45 所示。

图 2-2-45

案例说明：参照给定的效果图，使用素材配合曲线工具完成图片的调色。

案例知识点：曲线。

案例实施：

步骤 01　打开资源包路径中的所有素材文件。

步骤 02　素材图片默认为 CMYK 模式，需要转换为 RGB 模式，如图 2-2-46 所示，选中素材文件，执行"图像"→"模式"→"RGB 颜色"命令，转为 RGB 模式。

图 2-2-46

步骤 03　选中素材文件执行"图像"→"调整"→"曲线"命令 (快捷键为 Ctrl+M)，曲线参数设置如图 2-2-47 所示，效果如图 2-2-48 所示。

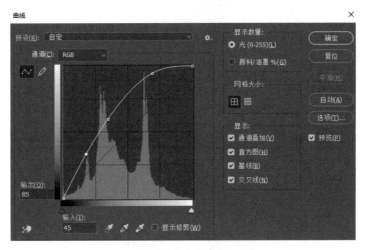

图 2-2-47

图 2-2-48

步骤 04　将最终效果保存到指定文件夹中。

练习实例 2.7　花朵换色

文件路径	资源包＼项目 2＼练习实例 2.7 花朵换色
难易指数	★★☆☆☆
技术要领	曲线、魔棒工具、色相饱和度、色彩平衡

扫一扫，看视频

案例效果：如图 2-2-49 所示。

图 2-2-49

案例素材：如图 2-2-50 所示。

图 2-2-50

案例说明：参照给定的效果图，使用素材配合曲线、魔棒工具、色相饱和度等命令，完成花卉图片的调色。

案例知识点：曲线、魔棒工具、色相饱和度、色彩平衡。

案例实施：

步骤01　打开资源包路径中的所有素材文件。

步骤02　素材图片默认为 CMYK 模式，需要转换为 RGB 模式，选中素材文件，执行"图像"→"模式"→"RGB 颜色"命令，转为 RGB 模式，配合 Ctrl+M 快捷键添加曲线效果图，参数设置如图 2-2-51 所示，效果如图 2-2-52 所示。

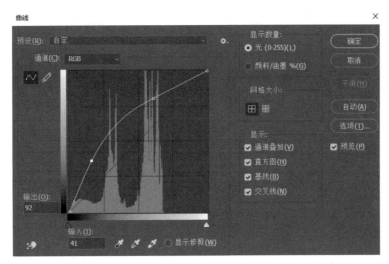

图 2-2-51

图 2-2-52

步骤 03 使用魔棒工具选择花蕊，容差设为 30，勾选"连续"，配合 Shift 键加选选区，选中黄色的花朵，如图 2-2-53 所示，执行"图像"→"调整"→"色相 / 饱和度"命令，设置如参数图 2-2-54 所示，效果如图 2-2-55 所示。

图 2-2-53

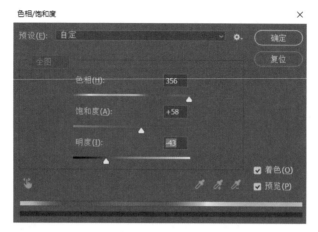

图 2-2-54

图 2-2-55

步骤 04　使用快速选择工具选择绿叶部分，配合 Shift 键加选选区、Alt 键减选选区，创建选区，如图 2-2-56 所示，执行"图像"→"调整"→"色彩平衡"命令 (0，40，11)，调整参数，增加绿色，参数设置如图 2-2-57 所示，效果如图 2-2-58 所示。

图 2-2-56

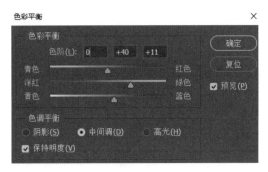

图 2-2-57

图 2-2-58

步骤 05 将最终效果保存到指定文件夹中。

练习实例 2.8 制作渐变彩色方形

扫一扫，看视频

文件路径	资源包\项目2\练习实例2.8制作渐变彩色方形
难易指数	★★☆☆☆
技术要领	创建动作、变化工具、色相饱和度

案例效果: 如图 2-2-59 所示。

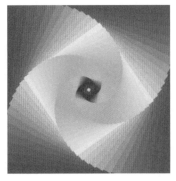

图 2-2-59

案例说明：参照给定的效果图，配合动作面板、变换工具等命令，完成渐变图片效果。
案例知识点：创建动作、变化工具、色相饱和度。

案例实施：

步骤 01　新建 800×800 像素、RGB 模式、分辨率为 300dpi 的图像。

步骤 02　新建图层 1，前景色设置为红色 (#ff0000)，配合快捷键 Backspce+Ctrl
命令进行填充，如图 2-2-60 所示。

步骤 03　配合快捷键 Alt+F9 打开动作面板，单击动作面板下方的"创建新动作"，
创建名为"自动变换"的新动作，如图 2-2-61 所示。

图 2-2-60　　　　　　　　　　　　　　　　图 2-2-61

步骤 04　复制图层 1，配合快捷键 Ctrl+T 打开变换工具，选项栏设置宽和高均缩
小为 95%，旋转 5%，如图 2-2-62 所示，执行"图像"→"调整"→"色相 / 饱和度"
命令，如图 2-2-63 所示。

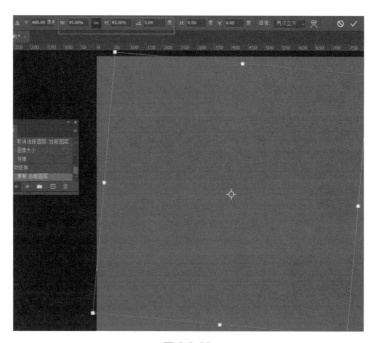

图 2-2-62

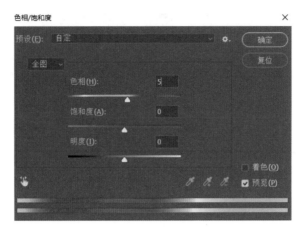

图 2-2-63

步骤 05 单击动作面板下的"停止播放 / 记录"按钮,单击选中"自动变换",单击播放动作按钮 (动作按钮),多次播放,如图 2-2-64 所示,效果如图 2-2-65 所示。

图 2-2-64

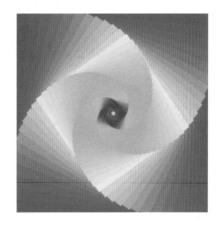

图 2-2-65

步骤 06 将最终效果保存到指定文件夹中。

练习实例 2.9 人物头部更换

扫一扫,看视频

文件路径	资源包 \ 项目 2\ 练习实例 2.9 人物头部更换
难易指数	★★☆☆☆
技术要领	选区工具、橡皮擦工具、匹配颜色

案例效果: 如图 2-2-66 所示。

图 2-2-66

案例素材：如图 2-2-67 所示。

图 2-2-67

案例说明：参照给定的效果图，根据素材配合选区工具、橡皮擦工具、匹配颜色等命令，完成渐变图片效果。

案例知识点：选区工具、橡皮擦工具、匹配颜色。

案例实施：

步骤 01　打开资源包路径中的所有素材文件。

步骤 02　使用魔棒工具选择老人素材背景层，如图 2-2-68 所示，配合快捷键 Ctrl+Shift+I 反选选中人，配合快捷键 Ctrl+J 复制出人物，如图 2-2-69 所示。

图 2-2-68　　　　　　　　　　　　　　　图 2-2-69

步骤 03　使用套索工具框选老人头部，配合快捷键 Ctrl+C 复制头部图层，如图 2-2-70 所示。

图 2-2-70

步骤 04 打开"青年"素材，使用画笔工具选择柔和的画笔笔刷，设置不透明度，配合 Alt 键吸取背景色，将"青年"脸部去除，如图 2-2-71 所示，配合快捷键 Ctrl+V，将老人头部进行粘贴，并配合变化工具调整头部的大小与身体比例，如图 2-2-72 所示。

图 2-2-71

图 2-2-72

步骤 05 将老人头部的不透明度降低，对应好头部与颈部的位置，如图 2-2-73 所示。

图 2-2-73

步骤 06 使用橡皮擦工具配合画笔工具，去除多余的图像，使用仿制图章工具 🔲，修补缺失的衣服部分，将头部与周边的衣服融合为一起，如图 2-2-74 所示。

图 2-2-74

步骤 07 执行"图像"→"调整"→"匹配颜色"命令，设置匹配颜色面板，如图 2-2-75 左所示。匹配颜色后的效果如图 2-2-75 右所示。

图 2-2-75

步骤 08 最后选中头像，打开色彩平衡面板，调整头部肤色与手部颜色尽量一致，将洋红色调高，设置如图 2-2-76 所示。从色阶调亮肤色，效果如图 2-2-77 所示。

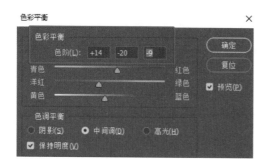

图 2-2-76

图 2-2-77

步骤 09 将最终效果保存到指定文件夹中。

练习实例 2.10　修改背景偏色

文件路径	资源包\项目 2\练习实例 2.10 修改背景偏色
难易指数	★★☆☆☆
技术要领	色阶、快速选择工具、色相 / 饱和度、画笔工具

案例效果: 如图 2-2-78 所示。

图 2-2-78

案例素材: 如图 2-2-79 所示。

图 2-2-79

案例说明: 参照给定的效果图, 根据素材配合色阶、快速选择工具、色相饱和度等命令, 完成人物肖像照片修饰效果。

案例知识点: 色阶、快速选择工具、色相 / 饱和度、画笔工具。

案例实施:

步骤01　打开资源包路径中的所有素材文件。

步骤02　使用色阶命令, 将整体画面颜色调亮, 设置如图 2-2-80 所示, 效果图如图 2-2-81 所示。

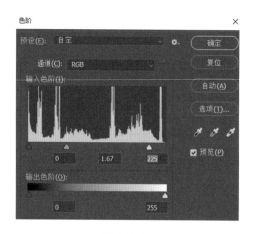

图 2-2-80

图 2-2-81

步骤03 使用快速选择工具，选择图像右侧除女孩头发以外的淡红色部分，如图 2-2-82 所示，执行"图像"→"调整"→"色相 / 饱和度"命令（设置为全图，30，-54，-25 无着色），设置如图 2-2-83 所示，效果如图 2-2-84 所示。

步骤04 用矩形选框工具选中左侧的肩部，如图 2-2-85 所示。

图 2-2-82

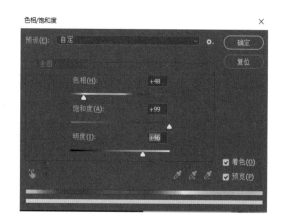

图 2-2-83

图 2-2-84

图 2-2-85

步骤 05　配合快捷键 Ctrl+J 复制出手臂，然后使用变换工具键调整，将其调整至合适的位置并进行水平反转，如图 2-2-86 所示，效果如图 2-2-87。

图 2-2-86

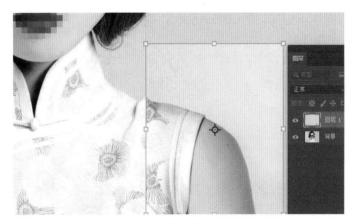

图 2-2-87

步骤 06　使用画笔工具，选择柔和的笔头，降低不透明度，进行背景与任务颜色融合处理，将背景不协调的颜色与人物融合好，如图 2-2-88 所示。

图 2-2-88

步骤 07　执行"图像"→"调整"→"色相/饱和度"命令，设置如图 2-2-89 所示，效果图如图 2-2-90 所示。

图 2-2-89

图 2-2-90

步骤 08　将最终效果保存到指定文件夹中。

本项目的拓展案例可扫描以下二维码获取。

拓展案例 2.1　　拓展案例 2.2　　拓展案例 2.3　　拓展案例 2.4　　拓展案例 2.5

【项目小结】

　　本项目主要帮助学生掌握图像调整色彩、色相 / 饱和度、色调 / 对比度三个方面内容，在理解不同的图像颜色模式特点时，通过对调整图像色调命令的使用，能够正确掌握调整图像明暗、对比度的方法，掌握图像色彩倾向的调整，最后参照案例效果图，实现图像调色，达到最终效果。在 Photoshop 2020 的操作中可结合选区工具、蒙版工具和渐变工具等工具组进行灵活使用，同时，在拓展模块部分，教师可结合课程思政内容，适当增加中国传统文化案例内容。

项目 3

位 图 绘 制

项目导读

位图绘制主要是讲解基本的位图绘制方法并介绍有关绘制工具的基本操作，如画笔笔刷的设置、定义画笔预设，及载入笔刷、橡皮擦工具、涂抹工具等操作，在此基础上学会选区的使用方法后，就可以对选区范围内进行绘制、渐变以及图案的填充了。

技能目标

(1) 掌握画笔的设置方式，能够利用画笔工具设置笔刷，完成不同的效果，并能自定义设置笔刷。

(2) 掌握加深减淡工具的使用方法。

(3) 掌握橡皮擦工具组的使用方法。

(4) 掌握渐变工具的使用。

(5) 掌握涂抹工具、模糊工具的使用。

情感目标

(1) 能够提升审美能力和艺术修养。

(2) 能够结合专业特点，深刻认识专业技能学习的重要性与工匠精神相结合的时代精神。

(3) 能够掌握 Photoshop 位图绘制工具的使用方法，培养工匠精神与创新精神。

案例欣赏

思维导图

3.1 知识点链接

知识点 3.1 画笔工具

画笔工具可以绘制图案、修改像素。Photoshop 2020 提供了丰富的预设画笔，使绘图变得更加随心所欲。画笔工具组中包括画笔工具、铅笔工具、颜色替换工具和混合器画笔工具，其中画笔工具最为常用。本节主要讲解画笔工具的使用方法。

1. 画笔工具的基本设置

选择画笔工具 ✐，在画布中按住鼠标左键并拖曳鼠标指针，即可用前景色进行绘制。在属性栏中可设置画笔的相关属性，如图 3-1-1 所示。

图 3-1-1

画笔工具属性栏中的常用属性介绍如下。

(1) 画笔预设选取器。单击该按钮，在弹出的下拉列表中可设置画笔的大小、硬度和样式。

(2) 画笔设置面板按钮 ✐。单击该按钮，可以打开画笔设置面板。

(3) 模式。在其下拉列表中可以选择画笔与图像的混合模式，默认为"正常"。

(4) 不透明度。用来设置画笔的不透明度，数值越小，笔触越透明；数值越大，笔触越清晰明显。

(5) 流量。调节画笔的笔触密度，数值越小，笔触密度越小；数值越大，笔触密度越大。

(6) 启用画笔压力 ✐。该功能需要配合手绘板使用，用户在使用手绘板绘图时，单击该按钮，可以模拟真实的手绘效果。

> ▲提示 使用画笔工具在画布上单击鼠标右键也可弹出画笔设置面板，在该面板中可以设置画笔的大小、硬度和样式。按"["键可以缩小画笔，按"]"键可以放大画笔。按键盘上的数字键可以调整画笔的不透明度，如按1键可以设置画笔的不透明度为10%。

2. 画笔设置面板

画笔设置面板可以对画笔进行更多的设置。用户不仅可以设置画笔的大小和旋转角度等基本参数，还可以设置画笔的多种特殊外观。

选择画笔工具，单击属性栏中的"画笔设置面板"按钮 ，弹出的画笔设置面板如图 3-1-2 所示。

图 3-1-2

下面讲解常用的画笔设置。

(1) 画笔笔尖形状。该面板除了可以调整画笔的大小及硬度外，还可以调整间距值来控制画笔笔触的距离，如图 3-1-3 所示。"角度"和"圆度"选项可以调整笔触的方向和圆度，如图 3-1-4 所示。

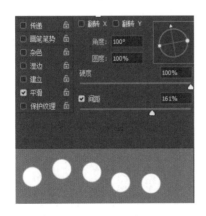

图 3-1-3

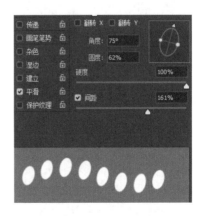

图 3-1-4

(2) 形状动态。在画笔设置面板中选择"形状动态"选项打开其面板，如图 3-1-5 所示。该面板可以设置画笔的大小抖动、控制、最小直径、倾斜缩放比例、角度抖动、圆度抖动和最小圆度。实际工作中最为常用的选项是"大小抖动"和"角度抖动"。"大小抖动"

选项可以控制笔触大小的变化，数值越大，笔触的大小差异越明显。"角度抖动"选项可以控制笔触角度的变化，数值越大，角度变化越大。当笔触为非圆形时，更容易观察到角度变化的效果。大小抖动与角度抖动的效果如图 3-1-6 所示。

图 3-1-5

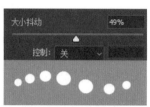

调整大小抖动的效果

调整角度抖动的效果

图 3-1-6

　　(3) 散布。在画笔设置面板中选择"散布"选项打开"散布"面板，如图 3-1-7 所示。在该面板中可以设置画笔的散布幅度、数量和数量抖动。实际工作中常用的是"散布"选项。散布的数值越大，笔触散开的范围越大。选中"两轴"复选框可使散布更集中，如图 3-1-8 所示。

图 3-1-7

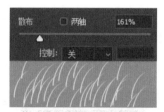

拖动滑块位置后的散布效果

勾选两轴后的散布效果

图 3-1-8

(4) 颜色动态。在画笔设置面板中选择"颜色动态"选项，可打开"颜色动态"面板，如图 3-1-9 所示。"前景 / 背景抖动"选项可以控制笔触根据前景色和背景色变化的程度。选中"应用每笔尖"复选框后，绘制出的每个笔触颜色都不同。"色相抖动"选项可以控制笔触色相变化的程度。"饱和度抖动"选项可以控制笔触饱和度变化的程度。"亮度抖动"选项可以控制笔触亮度变化的程度。"纯度"选项可以控制画笔颜色的浓淡。各选项的设置效果如图 3-1-10 所示。

图 3-1-9

不勾选"应用每笔尖"的效果   勾选"应用每笔尖"的效果

设置"色相抖动"的效果   设置"饱和度抖动"的效果

设置"亮度抖动"的效果   设置"纯度"的效果

图 3-1-10

(5) 传递。"传递"选项用于控制笔触的不透明度抖动，对应面板如图 3-1-11 所示。调节"不透明度抖动"和"流量抖动"的效果差别不大，如图 3-1-12 所示。调节笔触的不透明度抖动效果时，多通过调节"不透明度抖动"来实现，其数值越大，不透明度变化越明显。

图 3-1-11

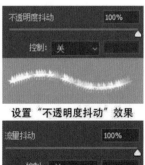

设置"不透明度抖动"效果

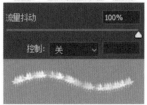

设置"流量抖动"效果

图 3-1-12

▲提示 若要复位画笔设置，可单击画笔设置面板右上角的 ▤ 按钮，选择"复位所有锁定设置"，并将画笔笔尖形状面板中的"间距"值调到 1%。

3. 画笔描边路径

画笔工具除了可以绘图外，也可以与路径结合制作特殊图像效果。常利用钢笔工具绘制曲线路径，再选择合适的画笔笔触对路径进行描边效果的添加，具体操作如下。

新建任意大小的文档，选择钢笔工具绘制曲线路径。新建图层，并选中此图层，选择画笔工具，设置笔头为柔边圆，并设置笔触大小为 10 像素。用鼠标单击"路径"打开路径面板，选中绘制的路径图层并右击，在弹出的快捷菜单中选择"描边路径"命令，在弹出的对话框中设置工具为"画笔"，单击"确定"按钮，即可沿路径生成粗细为 10 像素的线条，如图 3-1-13 所示。

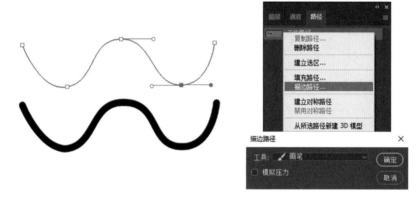

图 3-1-13

绘制好路径后，在属性栏中单击"画笔压力"按钮 ✎ 或者在画笔设置面板中选择"形状动态"选项，将"控制"选项设置为"钢笔压力"。进入"路径"面板，在"描边路径"对话框中设置工具为"画笔"，并选中"模拟压力"复选框，单击"确定"按钮，得到两头有收缩尖角效果的曲线，如图 3-1-14 所示。

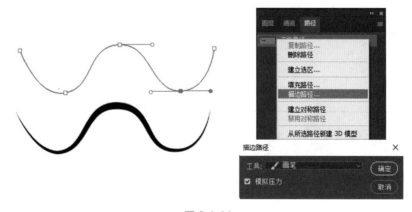

图 3-1-14

▲提示 绘制好路径后，新建图层并选择画笔工具设置画笔笔触和粗细后，按 Enter 键可快速实现使用画笔工具描边路径的效果。

知识点 3.2 橡皮擦工具组

在图像的绘制过程中，当需要对图像进行修改或擦除时，可以使用橡皮擦工具。橡皮擦工具组中包括橡皮擦工具、背景橡皮擦工具和魔术橡皮擦工具。下面分别对它们进行讲解。

1. 橡皮擦工具

选择橡皮擦工具 ，直接在图像上涂抹即可擦除图像。当被擦除的图层为背景图层时，被擦除的部分会显示为背景色。当被擦除的图层为普通图层时，被擦除的部分将变为透明区域。橡皮擦工具属性设置的方法与画笔工具相同，此处不再赘述。

2. 背景橡皮擦工具

背景橡皮擦工具 可以擦除当前图层中指定颜色的区域，被擦除的部分将变为透明区域。选择背景橡皮擦工具，需要先在图像中单击一次，此时会对要擦除的颜色进行取样，然后反复在图像的边缘中进行涂抹，与被取样颜色相同区域将会被擦除，如图 3-1-15 所示。

3. 魔术橡皮擦工具

魔术橡皮擦工具 可以擦除图像中相近的颜色区域，被擦除的部分将会变为透明区域。与魔棒工具类似，在其属性栏中设置好容差值，在需要擦除的区域单击，与单击处颜色相近的区域将被擦除掉。被擦除的部分将会变为透明区域，如图 3-1-16 所示。

图 3-1-15   图 3-1-16

知识点 3.3 渐变填充

设计工作中多用渐变颜色进行背景的填充，或为图形填充渐变颜色来丰富画面。本节主要讲解渐变颜色的编辑和渐变类型等。

1.渐变颜色的编辑

进行渐变颜色填充前，需要先进行渐变颜色的设置。在工具箱中选择渐变工具■后，可在属性栏中进行渐变颜色和渐变填充样式的选择，如图 3-1-17 所示。

图 3-1-17

默认情况下，渐变色条 ■■■■ 显示前景色到背景色的渐变。单击渐变色条可以打开渐变编辑器对话框，在"预设"选项组中可以看到，Photoshop 2020 较之前版本的 Photoshop 提供了更多的渐变类型。但在设计时，更多会在"渐变编辑器"对话框下方自定义渐变颜色及类型。

渐变色条上的 4 个色标分别控制起始和结束的颜色及不透明度。上方色标控制不透明度，下方色标控制渐变颜色，如图 3-1-18 所示。

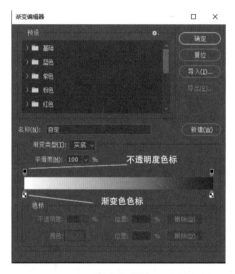

图 3-1-18

双击色标或单击"颜色"选项右侧的色块，打开相应的拾色器对话框，即可修改色标的颜色，如图 3-1-19 所示。

图 3-1-19

选择一个色标，按住鼠标左键拖曳色标，或在"位置"文本框中输入数值，可以调整该色标的位置。拖曳两个色标之间的菱形图标，可以调整两个色标颜色的混合位置，如图 3-1-20 所示。

在渐变色条下方单击或按住 Alt 键拖曳色标，可以添加新的色标。新色标的颜色与之前选中色标的颜色相同。

选中一个色标，单击"删除"按钮或直接向下拖曳，可以删除该色标，如图 3-1-21 所示。

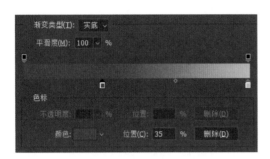
图 3-1-20

图 3-1-21

设置好渐变颜色后，在对应的图层上或选区内单击并拖曳，即可填充渐变。另外，按住 Shift 键可以以 45°、90° 和 180° 拖曳鼠标指针进行渐变的填充。

▲提示 在渐变编辑器对话框中选择"预设"中的基础渐变类型，渐变颜色会随前景色和背景色的变化而变化。

2. 渐变类型

默认情况下渐变填充样式为"线性渐变"，用户可以单击属性栏中的"渐变样式"按钮 设置渐变样式。各渐变样式的特点如下。

(1) 选择"线性渐变"，可以以直线方式创建从起点到终点的渐变。

(2) 选择"径向渐变"，可以以圆形方式创建从起点到终点的渐变。

(3) 选择"角度渐变"，可以围绕起点创建顺时针方向的渐变。

(4) 选择"对称渐变"，可以在起点两侧创建对称的线性渐变。

(5) 选择"菱形渐变"，可以以菱形方式创建从起点到终点的渐变。

各渐变样式对应的填充效果如图 3-1-22 所示。

线性渐变　　　径向渐变　　　角度渐变　　　对称渐变　　　菱形渐变

图 3-1-22

3. 其他渐变属性的设置

渐变工具属性栏中的其他属性设置如下。

(1) 不透明度。用于设置渐变颜色的整体不透明程度。

(2) 反向。选中该选项，可以使渐变颜色的顺序相反。

(3) 仿色。选中该选项，可以使渐变效果更加平滑。

(4) 透明区域。该选项用于控制渐变编辑器对话框中不透明度色标的设置是否有效，选中则有效，取消选中则无效，此时创建的渐变为实色渐变，默认为选中状态。

3.2 练习实例

练习实例 3.1 绘制玻璃杯

文件路径	资源包\项目 3\练习实例 3.1 绘制玻璃杯
难易指数	★★★★☆
技术要领	画笔工具、涂抹工具、橡皮擦工具、模糊工具

扫一扫，看视频

案例效果：如图 3-2-1 所示。

案例素材：如图 3-2-2 所示。

图 3-2-1

图 3-2-2

案例说明：通过给定素材创建选区，利用画笔工具和涂抹方式将剩余的玻璃杯体绘制完整，并融入到背景中。

案例知识点：画笔工具、涂抹工具、橡皮擦工具、模糊工具。

案例实施：

步骤01 打开资源包路径中的所有素材文件，使用魔棒工具选择杯口的深色部分，利用键盘向下键移动圆环选区，使用白色圆头柔笔为杯口的上沿部分绘制白色，如图 3-2-3 所示。

步骤02 配合反选选区快捷键 Ctrl+Shift+I，使用画笔工具吸取周边颜色，将下沿锯齿状擦除，再使用模糊工具，配合涂抹工具，处理杯口内部的图案，如图 3-2-4 所示。

图 3-2-3

图 3-2-4

步骤 03 新建图层，设置前景色为灰色 (#a8a4b2)，使用柔和画笔绘制几条线，绘制出杯子的外轮廓和杯身的暗部线条，如图 3-2-5 所示。

步骤 04 在椭圆选区工具的辅助下，绘制杯底的灰色弧线，然后使用涂抹工具涂抹出玻璃杯身的半透明效果，如图 3-2-6 所示。

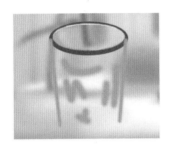

图 3-2-5

图 3-2-6

步骤 05 使用模糊工具涂抹杯身，选择柔和画笔，使用椭圆工具拖出杯底选区，在选区范围内使用黑色 (#565757) 绘制出杯底的暗区，用白色涂抹出高光反射点，如图 3-2-7 所示。

步骤 06 接下来使用涂抹工具和模糊工具进行处理，如图 3-2-8 所示。

图 3-2-7

图 3-2-8

步骤 07 使用橡皮擦工具擦除杯身多出的线和颜色，杯身绘制些白色的线，利用涂抹工具涂抹出杯身高光效果。最后在背景层利用画笔工具配合加深工具制作出杯子的投影效果，如图 3-2-9 所示。

图 3-2-9

步骤 08　将最终效果保存到指定文件夹中。

练习实例 3.2　绘制小树

扫一扫，看视频

文件路径	资源包 \ 项目 3\ 练习实例 3.2 绘制小树
难易指数	★★★★☆
技术要领	钢笔工具、选区变换、路径填充

案例效果：如图 3-2-10 所示。

案例素材：如图 3-2-11 所示。

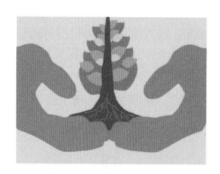

图 3-2-10

图 3-2-11

案例说明：结合案例素材，通过复制变化、钢笔工具，绘制叶子，完成小树效果图。

案例知识点：钢笔工具、选区变换、路径填充。

案例实施：

步骤 01　打开资源包路径中的所有素材文件。

步骤 02　使用魔棒工具点绿色背景区域，按反选快捷键 Ctrl+Shift+I，按住 Ctrl+Shift+J 快捷键将手掌剪切成新的图层 1，将图层 1(手掌) 复制一份，水平翻转，如图 3-2-12 所示。

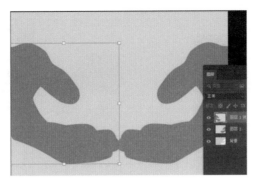

图 3-2-12

步骤 03 新建图层 2，置于手掌图层下方，如图 3-2-13 所示，使用画笔工具圆头硬笔头和橡皮擦工具，设置前景色为 (#70503b)，绘制小苗根部，再用灰色 (#818181) 画笔绘制小苗根须和茎，如图 3-2-14 所示。

图 3-2-13

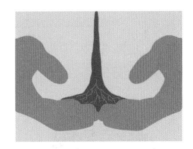

图 3-2-14

步骤 04 新建图层 3，使用钢笔工具配合转化点工具勾出叶子的路径，如图 3-2-15 所示，转为选区后填充颜色 (#418200)，绘制一片树叶的基本形状，如图 3-2-16 所示。

步骤 05 通过复制、变形、变色 (#6bac2c、#a3f451) 等方法制作出右侧一排叶子，如图 3-2-17 所示，合并所有叶子图层，复制左侧一排叶子，水平反转，将所有叶子层置于底层，如图 3-2-18 所示。

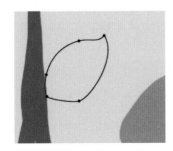

图 3-2-15

图 3-2-16

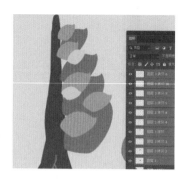

图 3-2-17

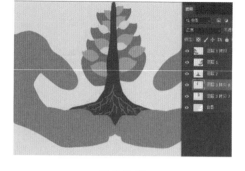

图 3-2-18

步骤 06 将最终效果保存到指定文件夹中。

练习实例 3.3　绘制人物头发

扫一扫，看视频

文件路径	资源包\项目 3\练习实例 3.3 绘制人物头发
难易指数	★★★☆☆
技术要领	定义画笔、画笔设置、涂抹工具

案例效果: 如图 3-2-19 所示。

案例素材: 如图 3-2-20 所示。

图 3-2-19

图 3-2-20

案例说明: 结合素材参照给定的案例效果图，利用定义画笔绘制完成人物的头发效果。

案例知识点: 定义画笔、画笔设置、涂抹工具。

案例实施:

步骤 01 打开资源包路径中的角色插画素材文件。

步骤 02 新建一个大小为 2cm×2cm、分辨率为 72dpi 的小文档，使用铅笔工具，用黑色点几下小黑点，如图 3-2-21 所示，笔头大小设置为 1 ~ 3 像素，如图 3-2-22 所示。

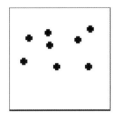

图 3-2-21

图 3-2-22

步骤 03　执行"编辑"→"定义画笔"命令，如图 3-2-23 所示。依照同样方法再定义几个不同大小和方向的画笔，如图 3-2-24 所示。

图 3-2-23

图 3-2-24

步骤 04　选择画笔工具，使用定义的画笔，模式为正片叠底，流量为 50%，按下 F5 键打开画笔设置面板，将画笔间距设置为 1%，后续的画笔均依此设置。新建图层，依照给定的人物发型轮廓，在头部绘制出基本发型，如图 3-2-25 所示。

步骤 05　选择淡点的颜色，换个稍小的笔刷，画出发梢，第一遍基本完成后，可用涂抹工具在发梢处涂抹，如图 3-2-26 所示。接着再换更小的笔刷，继续画发梢，轻轻地快速划过，将头发绘制细密，如图 3-2-27 所示。

图 3-2-25

图 3-2-26

图 3-2-27

步骤 06　新建图层，用来增加头发明暗效果。继续使用小画笔，选择浅灰色，绘制出头发的受光部分，如图 3-2-28 所示。

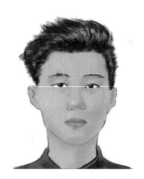

图 3-2-28

步骤 07 将最终效果保存到指定文件夹中。

练习实例 3.4 绘制水滴效果

文件路径	资源包 \ 项目 3\ 练习实例 3.4 绘制水滴效果
难易指数	★ ★ ★ ★ ☆
技术要领	滤镜（波浪）、液化、色相 / 饱和度、加深减淡工具

扫一扫，看视频

案例效果：如图 3-2-29 所示。

案例素材：如图 3-2-30 所示。

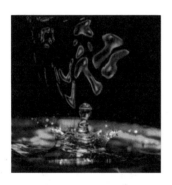

图 3-2-29

图 3-2-30

案例说明：结合素材建立选区绘制水滴效果，通过波浪滤镜和液化效果完成案例制作。

案例知识点：滤镜（波浪）、液化、色相 / 饱和度、加深 / 减淡工具。

案例实施：

步骤 01 新建一个宽和高分别为 400 像素和 400 像素，分辨率为 72dpi，RGB 模式的文件，背景为 #005196 蓝色。

步骤 02 新建图层并命名为"水珠"，建立圆形选区，直径为 100 像素，参数设置如图 3-2-31 所示，效果如图 3-2-32 所示。

图 3-2-31   图 3-2-32

步骤 03　选择圆头柔和画笔工具，颜色为白色，设置不透明度为 80%，在选区的四周边缘描画，如图 3-2-33 所示。

步骤 04　将画笔的不透明度调整为 50%，绘画中上区域，稍作修饰，如图 3-2-34 所示。

图 3-2-33   图 3-2-34

步骤 05　复制水珠，多次使用粘贴命令，调整其大小，如图 3-2-35 所示。

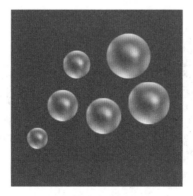

图 3-2-35

步骤 06　选中水珠图层，使用波浪进行设置，如图 3-2-36 所示。再通过液化滤镜进行变形处理，继续复制并变换调节其大小和角度，如图 3-2-37 所示。

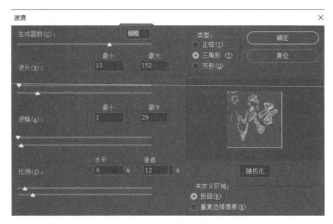

图 3-2-36

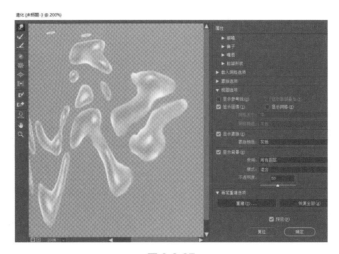

图 3-2-37

步骤 07 打开资源包路径中的所有素材文件，拖曳水珠图层到素材背景图片，使用自由变换工具将其调整到合适位置，如图 3-2-38 所示。

图 3-2-38

步骤 08　打开"色相 / 饱和度"面板调整颜色，参数设置如图 3-2-39 所示，效果如图 3-2-40 所示。

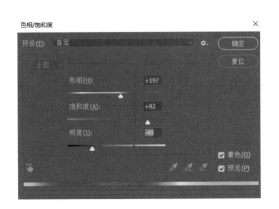

图 3-2-39　　　　　　　　　　　　　　　　图 3-2-40

步骤 09　使用加深和减淡工具加强水滴的明暗效果，效果如图 3-2-41 所示。

图 3-2-41

步骤 10　将最终效果保存到指定文件夹中。

练习实例 3.5　绘制飞机周围的云

扫一扫，看视频

文件路径	资源包 \ 项目 3\ 练习实例 3.5 绘制飞机周围的云
难易指数	★★☆☆☆
技术要领	渐变工具、载入笔刷、画笔设置

案例效果：如图 3-2-42 所示。

案例素材：如图 3-2-43 所示。

图 3-2-42

图 3-2-43

案例说明：结合案例素材，通过定义笔刷，配合渐变工具，绘制天空云雾，完成飞机飞行效果。

案例知识点：渐变工具、载入笔刷、画笔设置。

案例实施：

步骤 01　打开资源包路径中的所有素材文件。

步骤 02　复制飞机图层，使用魔棒工具选择白色区域，按反选快捷键 Ctrl+Shift+I，再按 Ctrl+Shift+J 快捷键将飞机剪切成新图层。使用渐变工具绘制从蓝色(#304971) 至蓝灰(#7e9cb4)的线性渐变，拖曳出背景，如图 3-2-44 所示，渐变工具设置如图 3-2-45 所示。

图 3-2-44

图 3-2-45

步骤 03　新建图层，选择画笔工具，点击画笔设置图标，在弹出的下拉菜单中选择"导入画笔"命令，如图 3-2-46 所示，载入 clouds.abr 素材画笔，如图 3-2-47 所示。

图 3-2-46

图 3-2-47

步骤 04　设置画笔，用白色画笔绘制白云，如图 3-2-48 所示。

步骤 05　使用灰色柔边画笔在白云上涂抹阴影，再用模糊工具涂抹飞机上面的白云，如图 3-2-49 所示。

图 3-2-48

图 3-2-49

步骤 06　用载入的云状画笔，将前景色设置为白色，把流量调低为 40%，设置渐隐画笔，如图 3-2-50 所示，绘制云端流线，如图 3-2-51 所示。

图 3-2-50

图 3-2-51

步骤 07　将最终效果保存到指定文件夹中。

练习实例 3.6　绘制香烟雾

扫一扫，看视频

文件路径	资源包\项目 3\练习实例 3.6 绘制香烟雾
难易指数	★★☆☆☆
技术要领	涂抹工具、滤镜 / 模糊 / 高斯模糊

案例效果：如图 3-2-52 所示。

案例素材：如图 3-2-53 所示。

图 3-2-52　　　　　　　　　　图 3-2-53

案例说明：结合给定素材，利用笔刷工具，配合涂抹工具和高斯模糊，完成烟雾的绘制。

案例知识点：涂抹工具、滤镜 / 模糊 / 高斯模糊。

案例实施：

步骤 01　打开资源包路径中的所有素材文件。

步骤 02　设置不同的黑灰色画笔，绘制烟头灰色的烧焦部分。设置不同的红色和灰色画笔，绘制烟头红色的燃烧部分，如图 3-2-54 所示。

步骤 03　选择画笔工具，新建图层，使用 50% 灰度随意喷画几次，如图 3-2-55 所示。

图 3-2-54　　　　　　　　　　图 3-2-55

步骤 04 执行"滤镜"→"模糊"→"高斯模糊"命令，设置及效果如图 3-2-56 所示。

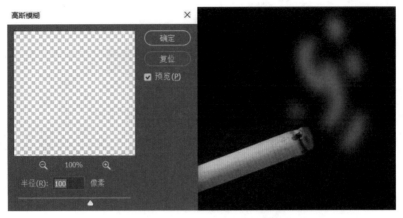

图 3-2-56

步骤 05 选择涂抹工具，将边缘向上涂抹，绘制烟雾效果，如图 3-2-57 所示。

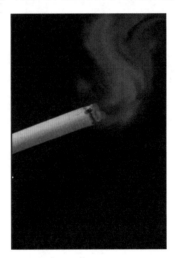

图 3-2-57

步骤 06 将最终效果保存到指定文件夹中。

练习实例 3.7 绘制多彩海螺

扫一扫，看视频

文件路径	资源包\项目3\练习实例 3.7 绘制多彩海螺
难易指数	★★★☆☆
技术要领	磁性套索工具、定义画笔、设置画笔

案例效果：如图 3-2-58 所示。

案例素材：如图 3-2-59 所示。

图 3-2-58

图 3-2-59

案例说明：结合案例素材，配合磁性套索工具和定义画笔方式完成案例的效果制作。

案例知识点：磁性套索工具、定义画笔、设置画笔。

案例实施：

步骤 01　打开资源包路径中的所有素材文件。

步骤 02　使用磁性套索工具，沿着贝螺图像的边沿创建选区，如图 3-2-60 所示。

步骤 03　保留选区，执行"编辑"→"自定义画笔"命令，打开"画笔名称"对话框，如图 3-2-61 所示，为自定义画笔命名。此时，在画笔设置调板中可以看到新定义的画笔，如图 3-2-62 所示。

步骤 04　新建一个宽和高分别为 1200 像素和 1200 像素、分辨率为 72dpi、白色背景、RGB 模式的文件，设置前景色 (#2d23ff)，背景色 (#ff0000)。选择画笔工具，按 F5 键，在画笔调板左栏中选择"画笔笔尖的形状"，在图像中绘画效果，如图 3-2-63 所示，并在画布中绘制，如图 3-2-64 所示。

步骤 05　在画笔调板中选中"动态画笔"复选框，如图 3-2-65 所示，在图像中绘画，如图 3-2-66 所示。

图 3-2-60

图 3-2-61

图 3-2-62

图 3-2-63

图 3-2-64

图 3-2-65

图 3-2-66

步骤 06　在画笔调板中选中"散布"复选框，如图 3-2-67 所示，在图像中绘画，如图 3-2-68 所示。

图 3-2-67

图 3-2-68

步骤 07 在画笔调板中选中"动态颜色"复选框，如图 3-2-69 所示，在图像中绘画，如图 3-2-70 所示。

图 3-2-69

图 3-2-70

步骤 08 在画笔调板中选中"传递"复选框，参数设置如图 3-2-71 所示，在图像中绘画，如图 3-2-72 所示。

图 3-2-71

图 3-2-72

步骤 09 将最终效果保存到指定文件夹中。

练习实例 3.8　绘制蜡烛火焰

扫一扫，看视频

文件路径	资源包 \ 项目 3\ 练习实例 3.8 绘制蜡烛火焰
难易指数	★★☆☆☆
技术要领	椭圆工具、选区羽化、渐变工具、涂抹工具

案例效果：如图 3-2-73 所示。

案例素材：如图 3-2-74 所示。

图 3-2-73

图 3-2-75

案例说明：结合案例素材建立选区，配合渐变工具 、涂抹绘制，完成蜡烛案例。

案例知识点：椭圆工具、选区羽化、渐变工具、涂抹工具。

案例实施：

步骤 01　打开资源包路径中的所有素材文件。

步骤 02　在工具栏中选择渐变工具，在"橙色"文件夹中选择"05 渐变色"，如图 3-2-75 所示。

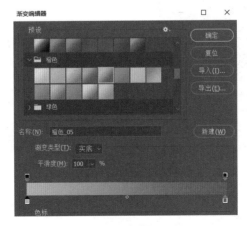

图 3-2-75

步骤 03 在此基础上编辑预设的渐变条为"橙—黄—亮黄—黄—橙"效果，形成火焰效果的渐变色，如图 3-2-76 所示。

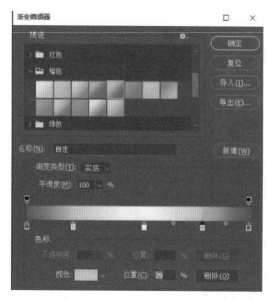

图 3-2-76

步骤 04 新建图层，建立圆形选区（按住 Alt+Shift 快捷键由中心向外绘制正圆），适当羽化选区，如图 3-2-77 所示。

步骤 05 使用新编辑的渐变，从中心点拉一条直线，对选区填充径向渐变，并进行拉伸变形，如图 3-2-78 所示。

图 3-2-77

图 3-2-78

步骤 06 执行"自由变换"命令，将圆形挤压成一个长条，使用矩形工具删除多余的下半部分，产生火苗效果，如图 3-2-79 所示。

步骤 07　使用涂抹工具，选择柔边画笔，涂抹火焰的上部和下部，使上部形成火苗尖，下部模糊虚化，如图 3-2-80 所示。

步骤 08　使用画笔工具绘制烛心，涂抹蓝色的底部火焰，使其与蜡烛主体合成，如图 3-2-81 所示。

图 3-2-79

图 3-2-80

图 3-2-81

步骤 09　将最终效果保存到指定文件夹中。

练习实例 3.9　绘制花朵

扫一扫，看视频

文件路径	资源包 \ 项目 3\ 练习实例 3.9 绘制花朵
难易指数	★★★★★
技术要领	钢笔工具、加深减淡工具

案例效果：如图 3-2-82 所示。

图 3-2-82

案例说明：参照案例效果图，结合钢笔工具绘制创建花瓣，通过复制和加深减淡工具完成整个花的绘制。

案例知识点：钢笔工具、加深减淡工具。

案例实施：

步骤 01　新建一个宽和高分别为 800 像素和 800 像素、分辨率为 72dpi、RGB 模式的文件，背景先填充白色。

步骤 02　开始画花瓣部分。新建一个图层，使用钢笔工具勾出花瓣的基本型，填充红色，如图 3-2-83 所示。再新建一个图层，继续用钢笔工具勾出下一个花瓣的基本型，填充红色，如图 3-2-84 所示。

图 3-2-83

图 3-2-84

步骤 03　复制图层 1，关闭原图层 1 显示，将复制的花瓣缩小，在花瓣上用较小的灰色 (#9f0e0e) 画笔绘制阴影，如图 3-2-85 所示。使用涂抹工具涂抹，配合模糊工具，涂出阴影面，并进行模糊处理，如图 3-2-86 所示。

图 3-2-85

图 3-2-86

步骤 04　把已经做好的花瓣进行复制、旋转、变形，按照效果图叠加并拼好，做出层次感，如图 3-2-87 所示。合并花瓣图层，配合涂抹工具、加深和减淡工具制作，如图 3-2-88 所示。

图 3-2-87

图 3-2-88

步骤 05 新建图层，采用"水彩小滴溅"画笔，如图 3-2-89 所示，绘制黄色的花蕊，如图 3-2-90 所示。

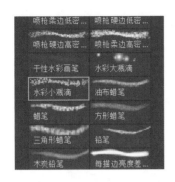

图 3-2-89

图 3-2-90

步骤 06 显示图层 2 的花瓣，利用画笔工具绘制灰色阴影，配合涂抹工具绘制花瓣阴影，如图 3-2-91 所示。将图层 2 拖至花瓣底层，复制图层并调整花瓣大小，如图 3-2-92 所示。

图 3-2-91

图 3-2-92

步骤 07 新建图层，拖至花瓣图层之下，使用钢笔工具勾画出花径和叶片的形状，填充深绿色 (#165303)，如图 3-2-93 所示，再使用加深工具和减淡工具 (曝光度为 10%) 做出明暗变化，如图 3-2-94 所示。

图 3-2-93

图 3-2-94

步骤 08 使用减淡工具 (曝光度为 50%) 在叶片上画出叶脉，用加深工具和涂抹工具修饰明暗变化，如图 3-2-95 所示。

步骤09 使用渐变工具从上至下拖拉，在背景层填充由白色 (#ffffff) 至紫色 (#8e2e72) 的线性渐变颜色，如图 3-2-96 所示。

图 3-2-95

图 3-2-96

步骤10 将最终效果保存到指定文件夹中。

练习实例 3.10 绘制铅笔

扫一扫，看视频

文件路径	资源包 \ 项目 3 \ 练习实例 3.10 绘制铅笔
难易指数	★★★☆☆
技术要领	矩形工具、渐变工具、去色命令、图像变形工具

案例效果: 如图 3-2-97 所示。

图 3-2-97

案例说明: 参照案例效果图，创建选区，配合渐变工具和选区变化命令，完成铅笔的制作。

案例知识点: 矩形工具、渐变工具、去色命令、图像变形工具。

案例实施:

步骤01 新建一个宽和高分别为 600 像素和 800 像素、分辨率为 72dpi、RGB 模式的文件。

步骤02 新建图层，使用矩形选框工具建立矩形选区，如图 3-2-98 所示，选择渐变工具，选择"红色07"，在矩形选区内按 Shift 键从左至右水平拖拉，填充线性渐变，如图 3-2-99 所示。

图 3-2-98   图 3-2-99

步骤 03　按住 Alt 键复制填完色的矩形，选中复制的图形，执行"编辑"→"变换"→"透视"命令，如图 3-2-100 所示，将图形变形，如图 3-2-101 所示。

图 3-2-100   图 3-2-101

步骤 04　执行"图形"→"调整"→"去色"命令，图像变为灰色，形成铅笔芯效果，如图 3-2-102 所示。

图 3-2-102

步骤 05　执行色阶命令，调节滑标加深黑色，如图 3-2-103 所示。

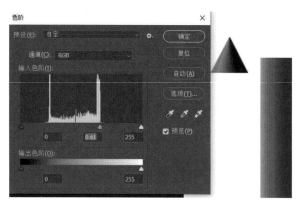

图 3-2-103

步骤 06 按 Ctrl+D 快捷键取消选区，仍然使用上述方法，使用矩形选框工具建立选区，在选区填充渐变，透视变应用形成三角形，载入选区，拖曳线性渐变，制作木制效果，如图 3-2-104 所示。

步骤 07 使用黑色笔头和木制效果叠放好位置，放置于铅笔上，如图 3-2-105。

图 3-2-104

图 3-2-105

步骤 08 将最终效果保存到指定文件夹中。

本项目的拓展案例可扫描以下二维码获取。

拓展案例 3.1　　拓展案例 3.2　　拓展案例 3.3　　拓展案例 3.4　　拓展案例 3.5　　拓展案例 3.6

【 项目小结 】

本章主要带领学生学习画笔工具绘制、橡皮擦工具，渐变工具等几个方面的内容，通过对画笔工具的设定，自定义，载入画笔等操作，完成案例有关的绘制效果，同时根据题目要求，参照效果素材进行绘制，通过配合其他工具修饰，达到最终效果，在 Photoshop 2020 版本操作中，可结合魔棒工具组和套索工具组进行灵活使用，同时在拓展模块部分，教师可结合课程思政内容，适当增加中国传统文化案例内容。

项目 4

图 像 修 饰

项目导读

利用图像修饰中的修复工具，可以处理图像中出现的瑕疵。例如，使用污点修复画笔工具、修复画笔工具和修补工具可以修复图像，还可以用图章工具组中的仿制图章进行清除斑点的操作。本课主要讲解使用这几个工具进行图像修饰的操作方法和特点。

技能目标

(1) 使用修复工具组、图章工具组修复图像中的瑕疵。
(2) 使用加深、减淡工具改变图像的色彩明暗度与饱和度。

情感目标

(1) 能够进行审美能力提升。
(2) 能够结合专业特点，深刻认识专业技能学习与刻苦努力相结合的时代精神。
(3) 能够掌握 Photoshop 修复工具的使用方法，培养工匠精神与创新精神。

案例欣赏

思维导图

4.1 知识点链接

知识点 4.1 修复工具组

修复工具组主要用于处理图像中出现的各种瑕疵。该工具组中主要包括污点修复画笔工具、修复画笔工具、修补工具和内容感知移动工具。另外还有针对去除红眼的红眼工具，但现在的摄影照片中很少出现红眼，这里了解即可。

1. 污点修复画笔工具

污点修复画笔工具 ![icon] 可以对图像中的不透明度、颜色和质感进行像素取样，用于快速处理图像中的斑点或较小的杂物。单击工具箱中的"污点修复画笔工具"按钮后，属性栏如图 4-1-1 所示。

图 4-1-1

在使用污点修复画笔工具进行图像修复前，在属性栏中选择"类型"中的"内容识别"选项，用鼠标指针在图像斑点上单击时，系统将会自动分析单击点周围的像素，并自动对图像进行修复。"近似匹配"选项的处理效果与"内容识别"的相似。具体操作时多选择默认的"内容识别"选项。

在进行图像修复时，勾选"对所有图层取样"选项，可使取样范围扩展到图像中的所有可见图层。

下面以如图 4-1-2 所示的图像为例，使用污点修复画笔工具去除女孩脸部的雀斑。在工具箱中选择污点修复画笔工具，使用快捷键修订"["和"]"键将画笔半径调节至与雀斑差不多的大小，在雀斑处单击，即可抹去女孩脸部的雀斑，效果如图 4-1-3 所示。

图 4-1-2　　　　　　　　　　　　　　图 4-1-3

▲提示　使用污点修复画笔工具时，选择柔边圆画笔，修复效果会更自然。

2. 修复画笔工具

修复画笔工具 可以对图像中有缺陷的部分通过复制局部图像来实现修补，尤其适用于去除细纹和杂乱发丝。其操作方法与污点修复画笔工具的类似，但该工具在执行修复前，需要先指定样本，即只有在无污点的位置进行取样后，才能用取样点的样本图像来修复污点图像。单击工具箱中的"修复画笔工具"按钮后，属性栏如图 4-1-4 所示。

图 4-1-4

图像的修复效果取决于属性栏中"源"的设置。选择"取样"选项后，在工具箱中选择修复画笔工具，按住 Alt 键单击图像中的某处，此处将会作为取样点，对图像的瑕疵部分进行修复。选择"图案"选项，可在其右侧的下拉列表中选择已有的图案用于修复，但此选项不太实用。

以去除如图 4-1-5 所示的湖面黑点为例，打开图像，选择工具箱中的修复画笔工具，调节画笔半径至合适大小，首先按住 Alt 键，在湖面的平坦区域单击取样。然后在需要修复的地方单击或拖曳鼠标指针涂抹，便可将湖中的黑点去除，效果如图 4-1-6 所示。

图 4-1-5　　　　　　　　　　　　　　图 4-1-6

3．修补工具

修补工具 ■ 主要用于使用图像的其他区域或图案来修补当前选择的区域，新选择区域上的图像将替换原区域上的图像，尤其适用于修复区域比较大的图像。修补方式由属性栏中的"源"和"目标"决定，如图 4-1-7 所示。

图 4-1-7

修补工具的操作类似套索工具，拖曳鼠标指针可生成选区，同时也可通过布尔运算对选择区域进行相加或相减。

在工具箱中选择修补工具，在属性栏中选择"源"选项，然后在图像窗口中单击，并拖曳鼠标指针绘制出需要修复的区域，用其他区域的图像来修补当前选择区域的图像。选择"目标"选项，操作方法与"源"选项相反。多使用默认的"源"选项进行图像修补。

以如图 4-1-8 所示的图像为例，在工具箱中选择修补工具，在属性栏中选择"源"选项，按住鼠标左键并拖曳鼠标指针，将右侧的仙鹤框选以生成选区。拖曳选区至背景位置，即可将右侧的仙鹤替换为背景，效果如图 4-1-9 所示。

图 4-1-8

图 4-1-9

4．内容感知移动工具

内容感知移动工具 ■ 用于将图像移动或复制到另外一个位置。在工具箱中选择内容感知移动工具，按住鼠标左键拖曳框选出照片中的某个物体，再将其移动到照片中的任意位置，即可完成操作。

以图 4-1-10 所示的沙漠中的小草为例，单击工具箱中的"内容感知移动工具"按钮，在图像中按住鼠标左键并拖曳，框选出小草。按住鼠标左键，将选区拖曳到照片的右下方，释放鼠标左键后，小草将被移动到图 4-1-11 所示的位置。如果将鼠标指针移至图像窗口的边缘，保留少量像素在窗口中，图中的小草将被去除，且小草所在位置会被周边像素补齐。

图 4-1-10

图 4-1-11

知识点 4.2 **图章工具组**

图章工具组中包括仿制图章工具和图案图章工具，它们可以对图像进行修补和复制等处理。

1. 仿制图章工具

仿制图章工具 可以将图像中的部分区域复制到同一图像的其他位置或另一图像中。复制后的图像与原图像的亮度、色相和饱和度一致。在修复人像的五官时，多使用仿制图章工具，此工具在修复瑕疵的同时，能更好地保留皮肤纹理。

使用仿制图章工具修复图像时，首先按住 Alt 键在图像中单击进行取样，然后将鼠标指针移动到要去除的障碍物上，单击，直至将障碍物涂抹掉为止。

下面以去除如图 4-1-12 所示的人像的鼻环为例，选中工具箱中的仿制图章工具，选择柔边圆画笔，设置画笔半径至合适大小，在人像鼻部周围进行取样，然后在鼻环上单击，直至将其完全去除，在修复过程中可多次取样，使修复效果过渡更自然，如图 4-1-13 所示。

图 4-1-12

图 4-1-13

▲提示 在使用仿制图章工具进行修复时，要随时调节画笔的不透明度，从而使修复后的效果过渡自然。

2．图案图章工具

图案图章工具 ![] 可以将系统自带的图案或用户自定义的图案填充到图像中。在工具箱中单击"图案图章工具"按钮，在其属性栏的图案下拉列表中选择需要的图案，然后将鼠标指针移动到图像中，按住鼠标左键并拖曳，即可绘制出所选图案。

使用图案图章工具时可先用选区工具绘制选区，再用图案图章工具在选区内涂抹。例如，给图 4-1-14 所示的杯子上的选区添加图案，选择图案图章工具，并在属性栏中选择树叶图案，用鼠标指针在图像中拖曳，选区内即会有图案出现，如图 4-1-15 所示。

图 4-1-14   图 4-1-15

知识点 4.3 内容识别填充

内容识别是指使用图像选区附近的相似内容来不留痕迹地填充选区。该工具可以快速修复图像，尤其适用于处理背景比较简洁的图像。

下面以去除图 4-1-16 所示的樱桃为例，首先使用选区工具或者套索工具为需要去除的图像创建选区。执行"编辑"→"填充"命令或按快捷键 Shift+F5，弹出"填充"对话框，设置填充内容为"内容识别"，然后单击"确定"按钮，这时图中的樱桃即被去除，效果如图 4-1-17 所示。

图 4-1-16

图 4-1-17

知识点 4.4 减淡工具与加深工具

减淡工具组中包括减淡工具、加深工具和海绵工具，可改变图像的色彩明暗度与饱和度来影响图像的风格。海绵工具在设计中尤其是在图像修饰中很少用到。本节主要讲解减淡工具和加深工具的操作方法。

1. 减淡工具

减淡工具 可以提亮图像中的某一区域，达到强调或突出表现的目的。减淡工具效果的强度由属性栏中的"范围"和"曝光度"决定，如图 4-1-18 所示。

图 4-1-18

在减淡工具属性栏中，可通过"范围"选项的设定来决定减淡工具的主要作用范围。"范围"选项中包括阴影、高光、中间调，分别对应图像中的暗部、亮部、中灰部。使用减淡工具时，结合曝光度的调节，可随时增加或降低提亮的强度。

以图 4-1-19 所示的图像为例，使用减淡工具将绿植右侧的暗部提亮。首先选择工具箱中的减淡工具，在属性栏中设置"范围"为阴影，选择柔边圆画笔，并设置画笔半径至合适大小。将鼠标指针移动到瓶子右侧的暗部，按住鼠标左键进行涂抹，释放鼠标左键，即可将绿植的暗部提亮，效果如图 4-1-20 所示。

图 4-1-19

图 4-1-20

2. 加深工具

加深工具 ◉ 的功能与减淡工具 🔍 的功能相反，二者属性栏中的属性相同，加深工具可降低图像的亮度，使其变暗，以校正图像的曝光度。以加深图 4-1-21 所示的鲜花的暗部为例，选择加深工具，在属性栏中设置"范围"为阴影，选择柔边圆画笔，并调整画笔半径至合适大小。按住鼠标左键，在椅子的暗部进行涂抹，释放鼠标左键后，鲜花的暗部将更暗，如图 4-1-22 所示。

图 4-1-21

图 4-1-22

▲提示 在加深工具或减淡工具被选中的状态下，按数字键，可以快速调节曝光度的百分比，按住 Alt 键可以在两个工具之间快速切换。同时，加深工具和减淡工具对纯黑和纯白背景不起作用。

修复工具和图章工具都可以对图像进行修复。进行图像修复时，几个工具可以结合使用，只有掌握了每个工具的特点才能灵活地运用。同时，加深工具和减淡工具主要是在修图过程中对图像起到修饰的作用，如增强图像的明暗对比度，使图像更加有空间感。

4.2 练习实例

练习实例 4.1 制作橘子蒂效果

文件路径	资源包\项目4\练习实例4.1制作橘子蒂效
难易指数	★★☆☆☆
技术要领	加深工具、减淡工具

案例效果：如图4-2-1所示。

图 4-2-1

案例素材：如图4-2-2所示。

图 4-2-2

案例说明：使用画笔工具绘制橘子柄形状，运用加深、减淡工具修饰橘子柄。

案例知识点：加深工具、减淡工具。

案例实施：

步骤01 打开资源包中的所有素材文件。

步骤02 使用减淡工具擦亮顶部，形成高光，再用加深工具涂抹背光区域右下区域，形成明暗区域（见图4-2-3、图4-2-4）。

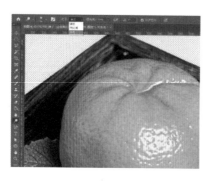

图 4-2-3

图 4-2-4

步骤 03 新建图层，设置前景色为棕绿色 (#304e00)，使用画笔工具画出橘子柄形状，使用加深工具涂抹中下部，使用减淡工具涂抹上部，再用涂抹工具在下部涂抹出分叉形状，绘制出橘子柄效果 (见图 4-2-5、图 4-2-6)。

图 4-2-5

图 4-2-6

步骤 04 使用加深工具和减淡工具修饰，在结蒂四周形成起伏的褶皱 (见图 4-2-7)。

图 4-2-7

练习实例 4.2 制作褶皱效果

扫一扫，看视频

文件路径	资源包 \ 项目 4\ 练习实例 4.2 制作褶皱效果
难易指数	★★☆☆☆
技术要领	加深工具、减淡工具

案例效果：如图 4-2-8 所示。

图 4-2-8

案例素材：如图 4-2-9 所示。

图 4-2-9

案例说明：使用画笔工具绘制衣服褶皱，配合加深工具、减淡工具完成最终效果。

案例知识点：加深工具、减淡工具。

案例实施：

步骤 01　打开资源包中的素材文件。

步骤 02　将前景色设置为比衣服的颜色更深一点的红色，选择画笔工具，用较细的笔触，在衣服轮廓的范围内画出衣服表面及衣领褶皱处的大致线条（见图 4-2-10）。

图 4-2-10

步骤 03 选择加深工具，操作时灵活改变画笔的大小，对色泽不理想的色块进行调整和修改，以便将衣服褶皱、灯笼处理得明暗有序（见图 4-2-11）。

图 4-2-11

步骤 04 再用加深工具进一步对褶皱的交界及角落处做细致的处理，注意适当降低加深工具的曝光度。

步骤 05 使用减淡工具，依照褶皱的纹路走向，对褶皱的凸起和一些大的平滑面作涂抹，凸起处因为受光比较强，所以颜色相应地要处理得比其他位置亮一些。

练习实例 4.3　制作蛋清效果

扫一扫，看视频

文件路径	资源包\项目 4\练习实例 4.3 制作蛋清效果
难易指数	★★☆☆☆
技术要领	加深工具、减淡工具

案例效果：如图 4-2-12 所示。

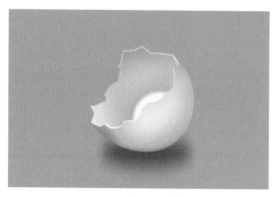

图 4-2-12

案例素材：如图 4-2-13 所示。

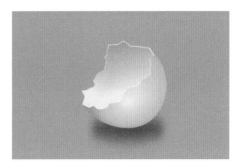

图 4-2-13

案例说明：使用加深工具、减淡工具绘制蛋清效果，结合前面章节内容的学习，优化处理，完成最终效果。

案例知识点：加深工具、减淡工具。

案例实施：

步骤01 打开资源包中的素材文件。

步骤02 使用魔棒工具选取蛋壳，使用加深工具涂抹蛋壳外表面右下部，形成暗区；使用减淡工具涂抹蛋壳外表面上部，形成高光区，从而呈现蛋壳外边面的明暗效果。（注意：在涂抹时，应适当调整曝光度）（见图 4-2-14、图 4-2-15）。

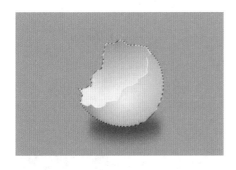

图 4-2-14

图 4-2-15

步骤03 选取蛋壳内部的区域，将画笔笔触调整至 330 像素，硬度调整为 0，使用画笔工具绘制蛋壳内表面右部，形成暗区；再将画笔笔触调整至 80 像素，使用加深工具涂抹蛋壳内表面右下部。使用减淡工具涂抹蛋壳内表面左上部，形成高光区，从而呈现蛋壳内表面的明暗效果（见图 4-2-16 ~图 4-2-20）。

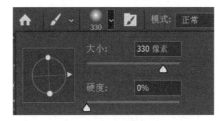

图 4-2-16

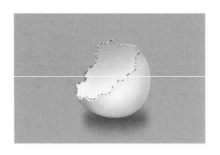

图 4-2-17

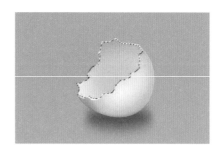

图 4-2-18

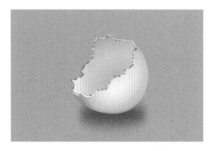

图 4-2-19

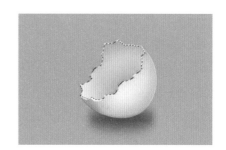

图 4-2-20

步骤 04 使用钢笔工具描绘蛋膜形状区域，执行"选择"→"修改"→"羽化"命令，设置选区羽化值为 10 像素，填充淡黄色 #f8fbe4，形成蛋膜 (见图 4-2-21、图 4-2-22)。

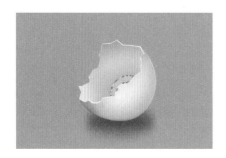

图 4-2-21

图 4-2-22

步骤 05 使用画笔工具绘制白色高光线条，将最终效果保存到指定文件夹中。(见图 4-2-23)。

图 4-2-23

练习实例 4.4　绘制蛋黄高光效果

文件路径	资源包\项目 4\练习实例 4.4 绘制蛋黄高光效果
难易指数	★★☆☆☆
技术要领	加深工具、减淡工具

案例效果：如图 4-2-24 所示。

案例素材：如图 4-2-25 所示。

图 4-2-24

图 4-2-25

案例说明：使用加深工具、减淡工具绘制蛋清效果，配合使用钢笔工具，完成蛋清高光部分的效果。

案例知识点：加深工具、减淡工具。

案例实施：

步骤 01　打开资源包中的素材文件。

步骤 02　使用椭圆选框工具绘制一个选区，使用减淡工具在选区上边缘涂抹高光，用曝光度较低的加深工具在选区下部涂抹暗区（见图 4-2-26、图 4-2-27）。

图 4-2-26

图 4-2-27

步骤 03　使用钢笔工具描绘路径并转换为选区，填充白色渐变色。在选区的不同部位用减淡工具涂抹（涂抹时应适当调整曝光度和笔触大小），再使用加深工具加深右下部，用减淡工具绘制其他高光区（高光部分也可以用柔边画笔描绘），形成局部明暗光区（见图 4-2-28～图 4-2-30）。

图 4-2-28

图 4-2-29

图 4-2-30

步骤 04   按住 Ctrl 键，用鼠标左键单击蛋黄图层，形成蛋黄选区，用减淡工具涂抹左下边缘，按住 Ctrl+Shift+I 快捷键反选。在蛋黄边缘外侧，用白色画笔描绘反光。

练习实例 4.5   修复桌面裂口

文件路径	资源包\项目 4\练习实例 4.5 修复桌面裂口
难易指数	★★☆☆☆
技术要领	修复工具组

扫一扫，看视频

案例效果: 如图 4-2-31 所示。

图 4-2-31

案例素材: 如图 4-2-32 所示。

图 4-2-32

案例说明：建立桌面裂口选区，运用修复工具组工具修复桌面。

案例知识点：修复工具组。

案例实施：

步骤01　打开资源包中的素材文件。

步骤02　使用多边形套索工具建立裂口选区（见图 4-2-33）。

步骤03　选择修补工具，在选项栏中选择"源"，拖移选区到需要取样的区域。当释放鼠标时，原来被选择区域就被取样像素所修补，而且边缘与背景融合，如果处理时左边产生白色虚化效果，则可使用仿制图章工具 ，按住 Alt 键，在较好的桌面取样，修复裂口（见图 4-2-34）。

　　图 4-2-33　　　　　　　　　　　　　　　　　图 4-2-34

步骤04　使用同样方法处理桌面其他裂口（见图 4-2-35、图 4-2-36）。

　　图 4-2-35　　　　　　　　　　　　　　　　　图 4-2-36

步骤05　在桌子的左下角使用同样的方式修补裂口（见图 4-2-37）。

图 4-2-37

练习实例 4.6 修复人物面部

扫一扫，看视频

文件路径	资源包\项目 4\练习实例 4.6 修复人物面部
难易指数	★★☆☆☆
技术要领	修复工具组、减淡工具

案例效果：如图 4-2-38 所示。

案例素材：如图 4-2-39 所示。

图 4-2-38

图 4-2-39

案例说明：使用修复工具组修复人物面部斑点与瑕疵，使用减淡工具美白牙齿，完成案例。

案例知识点：修复工具组、减淡工具。

案例实施：

步骤 01 打开资源包中的素材文件。素材图中脸部皮肤有斑点和瑕疵，肤色也不够鲜亮。

步骤 02 有两种方法可以抹去脸部黑痣。

方法 1：使用污点修复工具，它适用于细小区域，不需要取样，在污点处拖曳鼠标，即可无缝地融合到周围环境中（见图 4-2-40）。

方法 2：使用修补工具，画取污点形成选区，将选区拖曳到皮肤光滑的区域，便可修复污点（见图 4-2-41）。

图 4-2-40

图 4-2-41

步骤 03　使用减淡工具美白牙齿，在选项栏中选择柔边画笔，在牙齿上涂抹（见图 4-2-42）。

图 4-2-42

步骤 04　复制图层，按住 Ctrl+Shift+U 快捷键做去色处理，将图层混合模式设为"滤色"，不透明度为 35%，使皮肤变得光滑、鲜亮，达到美白皮肤的效果（见图 4-2-43）。

图 4-2-43

练习实例 4.7　花朵色彩填充

扫一扫，看视频

文件路径	资源包\项目 4\练习实例 4.7 花朵色彩填充
难易指数	★★☆☆☆
技术要领	加深工具、减淡工具

案例效果：如图 4-2-44 所示。

案例素材：如图 4-2-45 所示。

图 4-2-44   图 4-2-45

案例说明：使用魔棒工具生成选区，完成色彩渐变填充，运用加深工具、减淡工具完成色彩由深至浅的过渡效果。

案例知识点：加深工具、减淡工具。

案例实施：

步骤 01　打开资源包中的素材文件。

步骤 02　新建图层，命名为"色彩"，将颜色填充在色彩图层中，设置正片叠底（见图 4-2-46）。

图 4-2-46

步骤 03　使用魔棒工具选择花朵图层，形成选区。使用渐变工具将色彩设置成粉色渐变，在色彩图层中填充花瓣颜色，其余花朵采用同样的方式填充。填充时可以锁定花朵图层，以防不慎将色彩填充至线稿内 (见图 4-2-47 ~ 图 4-2-50)。

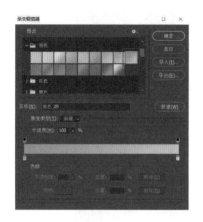

图 4-2-47

图 4-2-48

图 4-2-49

图 4-2-50

步骤 04 叶片区采用同样方式，分别填充绿色渐变，使用加深工具和减淡工具，在花朵和叶片区涂抹 (可以利用上述选区轻移来进行涂抹)，形成由深至浅的过渡效果 (见图 4-2-51、图 4-2-52)。

图 4-2-51

图 4-2-52

步骤 05 将花朵图层"指示图层可见性"关闭，保留叶片线稿（见图 4-2-53）。

图 4-2-53

练习实例 4.8 制作"夏至"文字效果

扫一扫，看视频

文件路径	资源包\项目 4\练习实例 4.8 制作"夏至"文字效果
难易指数	★★☆☆☆
技术要领	涂抹工具

案例效果：如图 4-2-54 所示。

案例素材：如图 4-2-55 所示。

图 4-2-54   图 4-2-55

案例说明：输入文字，使用涂抹工具涂抹文字，完成刺状字的效果。

案例知识点：涂抹工具。

案例实施：

步骤 01 新建一个宽和高分为为 800 像素和 600 像素、RGB 模式的文件。

步骤 02 新建图层，使用横排文字蒙版工具，输入文字"夏至"，字号为 180 点、字体为华文行楷 (见图 4-2-56)。

图 4-2-56

步骤 03 栅格化文字，按下 Ctrl 键点击夏至图层缩览图激活"夏至"文字选区。使用渐变工具，在选区内填充蓝色线性渐变 (见图 4-2-57、图 4-2-58)。

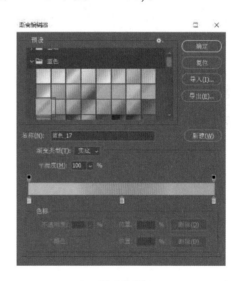

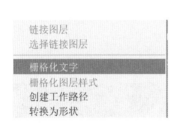

图 4-2-57

图 4-2-58

步骤 04 使用涂抹工具涂抹字体，呈现刺状字，注意调整画笔的大小和强度 (见图 4-2-59、图 4-2-60)。

图 4-2-59

图 4-2-60

步骤 05 选择投影图层样式，对文字图层的图像添加阴影（见图 4-2-61）。

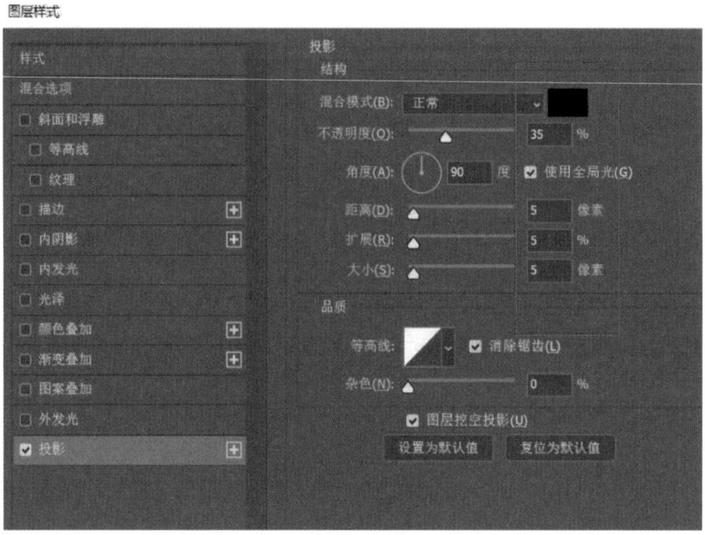

图 4-2-61

步骤 06 导入荷花素材，调整"夏至"文字位置，裁剪画布大小。

练习案例 4.9 制作石头效果

扫一扫，看视频

文件路径	资源包\项目 4\练习案例 4.9 制作石头效果
难易指数	★★★☆☆
技术要领	加深工具、减淡工具

案例效果：如图 4-2-62 所示。

案例素材：如图 4-2-63 所示。

图 4-2-62

图 4-2-63

案例说明：使用钢笔工具绘制石头选区，运用加深工具、减淡工具，完成立体效果的制作。

案例知识点：加深工具、减淡工具。

案例实施：

步骤01 打开资源包中的素材文件。

步骤02 使用钢笔工具和直接选择工具，绘制、调整石头的基本形状，对绘制的石头路径按 Ctrl+Enter 快捷键转为选区，执行"选择"→"修改"→"收缩"命令，将选区缩小 10 像素 (见图 4-2-64、图 4-2-65)。

图 4-2-64

图 4-2-65

步骤03 按 Ctrl+Shift+J 快捷键，将选区内的图像剪切成新的图层，原背景层填充为白色，形成石头的基本形状 (见图 4-2-66)。

步骤04 按住 Ctrl 键，使用鼠标左键单击石头图层，形成石头选区，执行"选择"→"变换选区"命令，缩小并移动选区位置 (见图 4-2-67)。

图 4-2-66

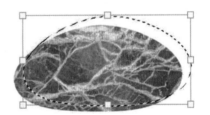

图 4-2-67

步骤05 使用减淡工具，在选项栏中选择柔边画笔，将选区内左部擦亮，用较小的曝光度向右侧和边缘过渡到暗区。用加深工具将明暗交界线加深 (见图 4-2-68)。

图 4-2-68

步骤06 使用减淡工具，用较强的曝光度涂抹成左部高亮白线和右下部底边反光区；用模糊工具稍加涂抹各明暗交界处。

练习案例 4.10　海边风景修补

扫一扫，看视频

文件路径	资源包\项目 4\练习案例 4.10 海边风景修补
难易指数	★★★☆☆
技术要领	消失点工具

案例效果：如图 4-2-69 所示。

图 4-2-69

案例素材：如图 4-2-70 所示。

图 4-2-70

案例说明：使用消失点工具选取人物区域，覆盖人物。

案例知识点：消失点工具。

案例实施：

步骤 01　打开资源包中的素材文件。在图像中，使用一般复制功能，可将图层中的人物移除，但不能很好地处理透视关系，而消失点工具则可以快速地完成此操作。

步骤 02　执行"滤镜"→"消失点"命令，选择"创建平面工具"，在图像中单击几个点定义一个"栏杆"区域。如果透视正确，在 Photoshop 2020 中将显示蓝色网格，如果是黄色或红色框线，则说明透视平面还不够正确（见图 4-2-71）。

图 4-2-71

步骤 03　可使用选框工具、图章工具或者画笔工具去除人物图片，按照透视角度编辑和复制图像，使其无缝过渡融合到周围环境中。

方法 1：使用选框工具，在透视网络内，绘制取样选区（双击蓝色框线可选整个网格），在对话框顶部的"修复"选项中选择"开"选项（勾选后，在复制时，会根据目标位置的状态而自动调整融合），按住 Alt 键不放，拖动选区覆盖到人物上。

方法 2：在设置好透视网格后，选择图章工具，在蓝色网格内，按 Alt 键单击取样，松开 Alt 键，在人物图像上单击，即可覆盖人物（见图 4-2-72）。

图 4-2-72

步骤 04　在本例中只需要一个透视平面，也可以根据需要，拉动原来的网格随意增加定义多个平面，这样就可以复制到对象，并完美地保持透视（见图 4-2-73）。

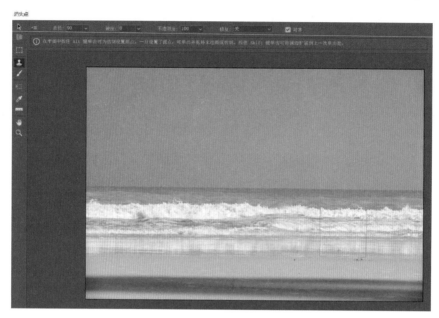

图 4-2-73

本项目的拓展案例可扫描以下二维码获取。

拓展案例 4.1　　拓展案例 4.2　　拓展案例 4.3　　拓展案例 4.4

项目小结

本项目主要考核学生对涂抹工具、加深工具、减淡工具、仿制图章工具、修复工具组的学习与应用，学生掌握以上工具的操作后，能够参照题目要求与案例效果图，完成图形图像的优化处理，利用 Photoshop 2020 版本提供的修复工具，可处理图像中出现的瑕疵，同时在拓展模块，教师可用课程思政内容融入课堂。

项目 5

矢 量 绘 制

项目导读

矢量绘制部分主要是讲解矢量绘制，其中形状工具、钢笔工具是 Photoshop 2020 中常用的矢量绘图工具，绘制的形状由锚点和路径构成。使用路径功能绘制线条和曲线，再对绘制后的线条和曲线进行填充或描边，可以完成一些绘图工具不能完成的工作，实现对图像的更多操作。

技能目标

(1) 使用形状工具组绘制基本的形状图形，包括矩形工具、圆角矩形工具、椭圆工具、多边形工具、直线工具和自定形状工具。

(2) 使用钢笔工具绘制任意形状和曲线。

(3) 掌握并了解锚点的添加、删除和转换，学会调整路径。

情感目标

(1) 能够提升审美能力，并提升艺术修养。

(2) 能够结合专业特点，深刻认识专业技能学习和刻苦努力相结合的时代精神。

(3) 能够掌握钢笔工具矢量绘制方法，培养工匠精神与创新精神。

案例欣赏

思维导图

5.1 知识点链接

知识点 5.1 **钢笔工具**

钢笔工具的属性栏与形状工具的属性栏类似，绘制形状时，通常在工具模式的下拉列表中选择"形状"模式，抠图时通常选择"路径"模式。其他选项此处不再赘述。下面介绍钢笔工具的使用方法。

(1) 绘制直线线段。使用钢笔工具在画布中单击生成直线锚点，再次单击即可生成直线路径，如图 5-1-1 所示。按住 Shift 键并单击，可以创建水平、垂直或 45°方向的直线段。按 Backspace 键可以返回到上一个锚点，按 Esc 键可以结束绘制。

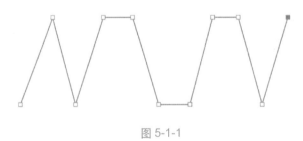

图 5-1-1

(2) 绘制曲线段。在画布中单击并拖曳鼠标指针，可得到带手柄的锚点，再次单击并拖曳鼠标指针，可生成曲线路径，如图 5-1-2 所示。

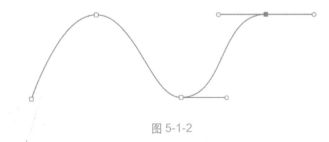

图 5-1-2

(3) 绘制封闭路径。使用钢笔工具绘图时，当起始锚点和结束锚点闭合时，可生成封闭路径，如图 5-1-3 所示。

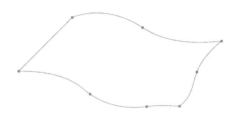

图 5-1-3

　　(4) 添加锚点。使用钢笔工具绘图时，将鼠标指针放到路径上，会自动切换为添加锚点工具，此时在路径上单击，可添加新的锚点。

　　(5) 删除锚点。使用钢笔工具绘图时，将鼠标指针放到锚点上，会自动切换为删除锚点工具，此时单击路径上的锚点，可删除锚点。

　　(6) 转换锚点。使用钢笔工具绘图时，按住 Alt 键可切换为转换点工具。此时，拖曳曲线锚点的手柄，可以调整单侧手柄的方向及长度，如图 5-1-4 所示。单击曲线锚点，可将其转换为直线锚点或删除其单侧手柄，如图 5-1-5 所示。在直线锚点上拖曳，可将其转换为曲线锚点，如图 5-1-6 所示。

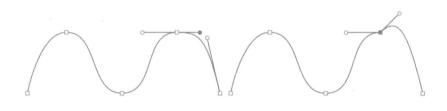

图 5-1-4

图 5-1-5

图 5-1-6

(7) 移动锚点。使用钢笔工具绘图时，按住 Ctrl 键可切换为直接选择工具，此时可以移动锚点和调整手柄的方向及长度。

知识点 5.2　自由钢笔工具

使用自由钢笔工具在画布中拖曳鼠标指针即可绘制路径。勾选属性栏中"磁性的"选项后，其使用方法与磁性套索工具类似。在创建路径时，当鼠标指针沿着图像中某个物体移动时，路径会自动吸附到该物体的边缘上，如图 5-1-7 所示。

图 5-1-7

知识点 5.3　弯度钢笔工具

使用弯度钢笔工具在画布中单击鼠标左键，可在两点之间生成曲线。该工具多用于抠取弧度较多的图像，首先单击开始绘制直线路径，在路径上添加锚点，直接拖曳路径上的锚点即可得到曲线效果，再次绘制时将自动出现曲线效果。在锚点上双击鼠标左键，即可实现曲线锚点和直线锚点的相互转换，操作技巧如图 5-1-8 所示。

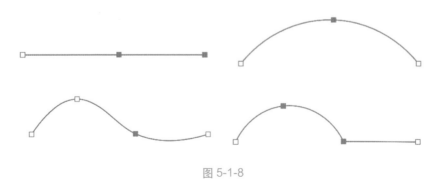

图 5-1-8

知识点 5.4　使用钢笔工具抠图

选择钢笔工具，在工具模式的下拉列表中选择"路径"模式，沿着图 5-1-9 所示粽子的轮廓建立封闭路径。当路径闭合后，按快捷键 Ctrl+Enter 将路径转换为选区，如图 5-1-10 所示。此时，按快捷键 Ctrl+J 复制选区内的图像，可将粽子从图像中抠取出来，如图 5-1-11 所示。

图 5-1-9　　　　　　　　图 5-1-10　　　　　　　　图 5-1-11

5.2　练习实例

练习实例 5.1　制作花朵矢量图案效果

扫一扫，看视频

文件路径	资源包 \ 项目 2\ 练习实例 5.1 制作花朵矢量图案效果
难易指数	★★☆☆☆
技术要领	椭圆工具、矩形工具

案例效果：如图 5-2-1 所示。

图 5-2-1

案例说明：使用椭圆工具与矩形工具绘制花朵矢量图形，用画笔描边路径完成自中心向四周发射状的图案效果。

案例知识点：矩形工具、椭圆工具、用画笔描边路径。

案例实施：

步骤01　新建一个宽和高分别为 600 像素和 600 像素、RGB 模式的文件。

步骤02　新建图层 1，命名为"符号"，以 Ctrl+R 打开标尺，使用椭圆选框工具，按 Alt+Shift 快捷键居中绘制一个正圆形选区，填充黑色，再执行以上操作，以同心圆绘制一个较小的圆形，按 Delete 删除选区内的图形（见图 5-2-2、图 5-2-3）。

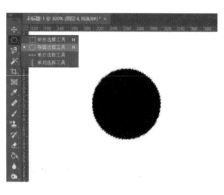

图 5-2-2

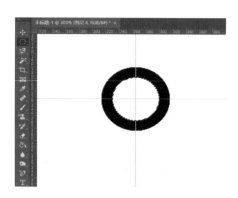

图 5-2-3

步骤 03 使用矩形选框工具绘制3个矩形选区，填充黑色(见图5-2-4、图5-2-5)。

图 5-2-4

图 5-2-5

步骤 04 载入绘制的基本图形选区，执行"编辑"→"定义预设画笔"命令，将基本图形定义为画笔并命名，同时删除符号图层，重新新建图层 (见图 5-2-6)。

图 5-2-6

步骤 05 使用椭圆工具绘制一条圆形路径，选择添加锚点工具，在路径上添加 2 个锚点，选中中间的锚点，按 Delete 键删除该锚点 (见图 5-2-7)。

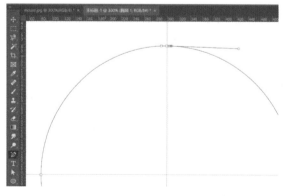

图 5-2-7

步骤 06　使用画笔工具，点击工具栏中的"切换画笔调板"按钮，打开画笔控制面板，选择刚定义的画笔 (见图 5-2-8、图 5-2-9)。

图 5-2-8

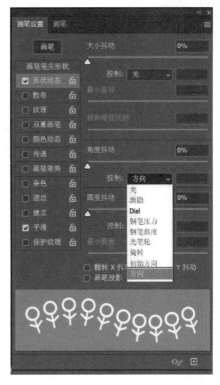

图 5-2-9

步骤 07　新建图层 2，单击控制面板中的"路径"选项卡，设置前景色为红色，单击"用画笔描边路径"按钮 (见图 5-2-10)。

步骤 08　复制图层 1，选择图层 1 拷贝，按 Ctrl+T 快捷键进入缩放状态，按 Alt 键，使"图层 1 拷贝"居中缩放 (见图 5-2-11)。

图 5-2-10

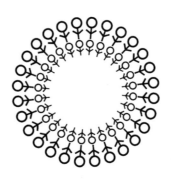

图 5-2-11

步骤 09　重复按 Ctrl+Alt+Shift+T 快捷键，对图层进行缩小复制操作。

练习实例 5.2　制作数学符号

扫一扫，看视频

文件路径	资源包\项目 5\练习实例 5.2 制作数学符号
难易指数	★★☆☆☆
技术要领	圆角矩形工具

案例效果：如图 5-2-12 所示。

图 5-2-12

案例说明：使用圆角矩形工具绘制矢量图形，通过复制或旋转完成数学符号的制作。

案例知识点：圆角矩形工具、复制图形、旋转图形。

案例实施：

步骤01　新建一个宽和高分别为 800 像素和 800 像素、RGB 模式的文件（见图 5-2-13）。

步骤02　新建图层，使用圆角矩形工具绘制一个圆角正方形，填充为浅红色 (#ef8786)（见图 5-2-14）。

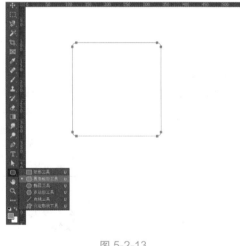

图 5-2-13

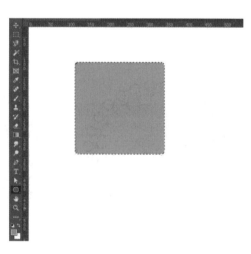

图 5-2-14

步骤03　新建图层，使用圆角矩形工具绘制两个圆角矩形，将路径操作设置为

"减去顶层形状"，按 Ctrl+Enter 键激活选区，填充颜色为 #e15f5f，如图 5-2-15 ～
图 5-2-18 所示。

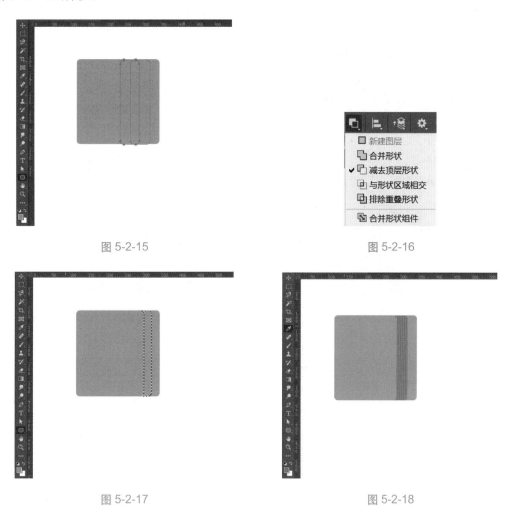

图 5-2-15　　　　　　　　　　　　　　　　图 5-2-16

图 5-2-17　　　　　　　　　　　　　　　　图 5-2-18

步骤 04　新建图层，使用圆角矩形工具，在图标左侧绘制白色"减号"（见图 5-2-19）。

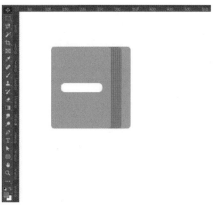

图 5-2-19

步骤 05 复制图层 1、图层 2、图层 3，分别激活图层 1 拷贝、图层 2 拷贝，修改颜色为 #ffd500、#ffb600。复制图层 3 拷贝，分别激活图层 3 拷贝、图层 3 拷贝 2，旋转白色圆角矩形为 45°和 -45°（见图 5-2-20～图 5-2-23）。

图 5-2-20

图 5-2-21

图 5-2-22

图 5-2-23

步骤 06 使用同样的方法完成"加号"与"等号"的绘制，保存文件（见图 5-2-24）。

图 5-2-24

练习实例 5.3 制作纪念邮票效果

扫一扫，看视频

文件路径	资源包\项目 5\练习实例 5.3 制作纪念邮票效果
难易指数	★★☆☆☆
技术要领	矩形工具、用画笔描边路径

案例效果：如图 5-2-25 所示。

案例素材：如图 5-2-26 所示。

图 5-2-25

图 5-2-26

案例说明：使用矩形工具绘制邮票矩形轮廓，用画笔描边路径完成邮票效果。

案例知识点：矩形工具、用画笔描边路径。

案例实施：

步骤 01　打开资源包中的素材文件。

步骤 02　执行"图像"→"画布大小"命令，将画布的宽度和高度分别扩大 4cm(见图 5-2-27、图 5-2-28)。

图 5-2-27

图 5-2-28

步骤 03　新建图层 1，按 Ctrl+R 快捷键打开标尺，按 Alt 键绘制一个矩形，并填充为白色 (见图 5-2-29、图 5-2-30)。

图 5-2-29

图 5-2-30

步骤04　载入图层 2 选区，在控制面板单击"路径"选项卡，单击"从选区生成工作路径"按钮，建立路径。选择画笔工具，点击工具栏中的"切换画笔调板"按钮，打开画笔控制面板，设置画笔直径为 60，间距为 120%。单击"画笔描边路径"按钮，使用魔棒工具选择描边路径，按 Delete 键删除描边的路径，并对图层 2 添加投影效果（见图 5-2-31 ~ 图 5-2-34）。

图 5-2-31

图 5-2-32

图 5-2-33

图层样式

图 5-2-24

练习实例 5.4　制作花朵效果

扫一扫, 看视频

文件路径	资源包 \ 项目 5\ 练习实例 5.4 制作花朵效果
难易指数	★★★☆☆
技术要领	钢笔工具、渐变工具

案例效果: 如图 5-2-35 所示。

案例素材: 如图 5-2-36 所示。

图 5-2-35

图 5-2-36

案例说明: 通过钢笔工具及转换点工具的配合使用, 完成叶片与茎秆的绘制。使用渐变工具为花朵填充色彩。

案例知识点: 钢笔工具、转换点工具、渐变工具。

案例实施:

步骤 01 打开资源包中的素材文件。

步骤 02 使用钢笔工具绘制路径,使用转换点工具修改路径形状(见图 5-2-37、图 5-2-38)。

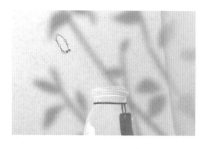

图 5-2-37

图 5-2-38

步骤 03 新建图层 1,在控制面板中单击"路径"选项卡,单击"将路径作为选区载入"按钮,使用渐变工具对选区进行蓝色径向渐变(见图 5-2-39、图 5-2-40)。

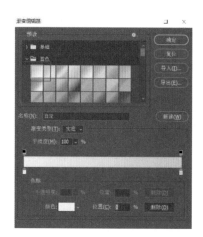

图 5-2-39

图 5-2-40

步骤 04 复制多个图层 1,按 Ctrl+T 快捷键对每一个图层分别进行旋转、缩放、移动等操作,使用椭圆选框工具绘制一个椭圆选区,羽化半径为 3 像素,填充黄色(#ffed87)(见图 5-2-41)。

图 5-2-41

步骤 05　复制 2 个花朵，按 Ctrl+T 快捷键对花朵进行变形处理 (见图 5-2-42)。

步骤 06　使用钢笔工具绘制 2 朵小花苞 (见图 5-2-43)。

图 5-2-42

图 5-2-43

步骤 07　使用钢笔工具绘制花径路径，分别用绿色 (#286948) 及大小为 3 像素的画笔描边路径，并把不透明度设为 70%，调整花茎与花朵的图层位置 (见图 5-2-44)。

图 5-2-44

练习实例 5.5　制作爆竹效果

扫一扫，看视频

文件路径	资源包 \ 项目 5\ 练习实例 5.5 制作爆竹效果
难易指数	★★★☆☆
技术要领	钢笔工具

案例效果: 如图 5-2-45 所示。

图 5-2-45

案例素材：如图 5-2-46 所示。

图 5-2-46

案例说明：结合前面章节的学习，完成爆竹的绘制，使用钢笔工具绘制爆竹图。

案例知识点：钢笔工具。

案例实施：

步骤 01　打开新年快乐图片，新建图层 1，使用椭圆选框工具绘制一个椭圆选区，设置渐变编辑器色彩，填充选区为渐变红色。使用移动工具，重复按 Alt+ ↑ 键复制选区图形，形成红色柱状鞭炮效果（见图 5-2-47 ～图 5-2-50）。

图 5-2-47

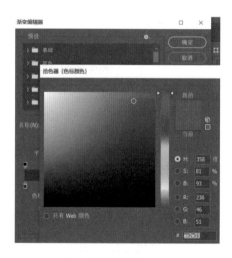

图 5-2-48

图 5-2-49

图 5-2-50

步骤 02 为爆竹填充黄色 #e8dc85，重复按 Alt+ ↑ 键复制黄色选区图形。重复操作以上步骤，完成如图 5-2-51 所示的效果。

图 5-2-51

步骤 03 在鞭炮顶端设置颜色为 #f3af53，填充选区（见图 5-2-52）。

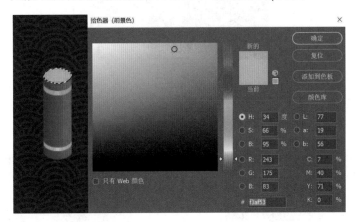

图 5-2-52

步骤 04 使用多边形套索工具绘制爆竹表面菱形，装点爆竹。分别填充颜色为蓝色 #0081bc、黄色 #f3af54（见图 5-2-53）。

图 5-2-53

步骤 05 在画布中按 Ctrl+Alt 快捷键多次复制爆竹，通过按 Ctrl+T 快捷键调整爆竹的方向，使用钢笔工具，为爆竹绘制图（见图 5-2-54、图 5-2-55）。

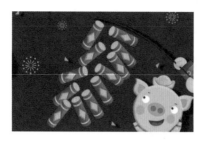

图 5-2-54

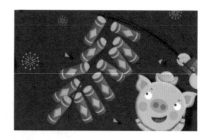

图 5-2-55

步骤 06　在图层面板中组合爆竹，在图层样式中添加投影 (见图 5-2-56)。

图 5-2-56

步骤 07　使用钢笔工具为爆竹添加点燃的火花效果，按 Ctrl+Enter 快捷键，为选区填充黄色 # f4b44e(见图 5-2-57、图 5-2-58)。

图 5-2-57

图 5-2-58

步骤 08　使用同样的方式绘制火花效果，绘制完毕后，在图层样式中为其添加投影 (见图 5-2-59)。

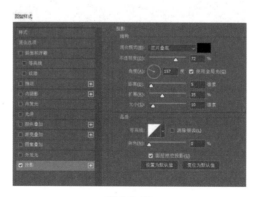

图 5-2-59

练习实例 5.6 绘制篮球

扫一扫，看视频

文件路径	资源包 \ 项目 5\ 练习实例 5.6 绘制篮球
难易指数	★★☆☆☆
技术要领	椭圆工具、钢笔工具

案例效果: 如图 5-2-60 所示。

图 5-2-60

案例说明: 使用椭圆工具与钢笔工具完成篮球的绘制，结合前面章节的学习，为篮球添加背景。

案例知识点: 椭圆工具、钢笔工具。

案例实施:

步骤 01 新建一个宽和高分别为 800 像素和 800 像素、RGB 模式的文件。

步骤 02 新建图层 1，执行 "视图" → "标尺" 命令，显示水平和垂直标尺，创建水平和垂直 2 条参考线。使用椭圆工具，以参考线交点为中心绘制一个正圆形选区，填充颜色 (#e66d26)(见图 5-2-61、图 5-2-62)。

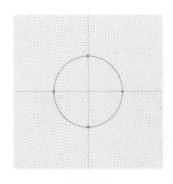

图 5-2-61

图 5-2-62

步骤 03 使用加深工具涂抹篮球暗部区域 (见图 5-2-63)。

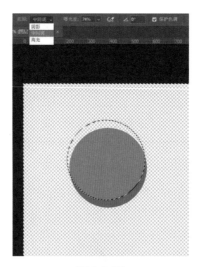

图 5-2-63

步骤 04　使用钢笔工具绘制篮球表面线条，在路径面板中为每一条线条创建路径（见图 5-2-64）。

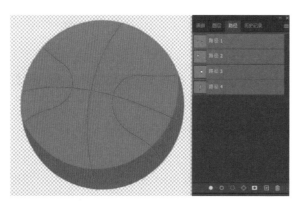

图 5-2-64

步骤 05　新建图层，设置前景色为黑色，使用画笔工具，设置画笔大小为 5 像素，单击控制面板中的"路径"选项卡，单击"用画笔描边路径"按钮，对路径进行描边（见图 5-2-65）。

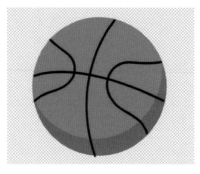

图 5-2-65

步骤 06　新建图层，点击圆角矩形工具命令，将半径设置为 80 像素，绘制篮球圆角矩形背景，将此形状填充为 #f3d4e4。执行 Ctrl+Shift+I 反选命令，将圆角矩形外的区域填充为 #e9a8ca(见图 5-2-66、图 5-2-67)。

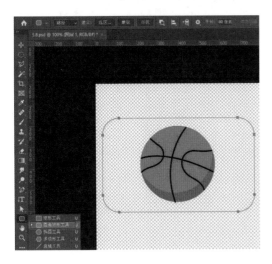

图 5-2-66

图 5-2-67

练习实例 5.7　制作太阳花

扫一扫，看视频

文件路径	资源包 \ 项目 5\ 练习实例 5.7 制作太阳花
难易指数	★★★☆☆
技术要领	多边形工具

案例效果: 如图 5-2-68 所示。

图 5-2-68

案例说明: 在多边形工具"设置其他形状和路径选项"中，设置相应参数效果，完成太阳花的制作。

案例知识点: 多边形工具、路径选项。

案例实施：

步骤 01　新建一个宽和高分别为 800 像素和 800 像素、RGB 模式的文件。

步骤 02　新建图层 1，使用多边形工具，在选项栏中设置边数为 12、半径为 300 像素，选中"星形"复选框，"缩进边依据"为 50%，绘制多边形路径，激活选区，为选区填充颜色为 #fdd734(见图 5-2-69、图 5-2-70)。

图 5-2-69

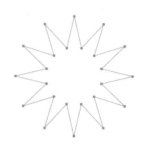

图 5-2-70

步骤 03　以多边形中心为基准，使用椭圆选框工具按 Shift+Alt 快捷键绘制圆形，为该圆形填充 #fdd734(见图 5-2-71、图 5-2-72)。

图 5-2-71

图 5-2-72

步骤 04　新建图层 2，再次以多边形中心为圆心，绘制较小的圆形，填充颜色为 #fef25e(见图 5-2-73)。

图 5-2-73

步骤 05　新建图层 3，按下 Ctrl 键，点击图层 1 图层缩览图，执行"选择"→"变换选区"命令，将旋转角度设置为 15%，填充颜色为 #ffee58(见图 5-2-74、图 5-2-75)。

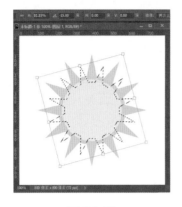

图 5-2-74　　　　　　　　　　　　　　　　　　图 5-2-75

步骤 06　新建图层 4，以多边形中点为中心，绘制圆形，填充颜色为 #fef25e，并为中心的圆形添加投影效果 (见图 5-2-76、图 5-2-77)。

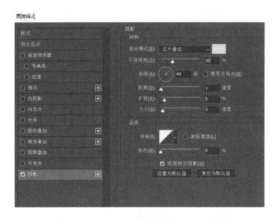

图 5-2-76　　　　　　　　　　　　　　　　　　图 5-2-77

步骤 07　新建图层，填充蓝色背景 #abd2ff，保存最终结果 (见图 5-2-78)。

图 5-2-78

练习实例 5.8　制作交通标志

文件路径	资源包\项目 5\练习实例 5.8 制作交通标志
难易指数	★★★☆☆
技术要领	钢笔工具、圆角矩形工具、多边形工具

扫一扫，看视频

案例效果：如图 5-2-79 所示。

图 5-2-79

案例说明：通过钢笔工具、圆角矩形工具、多边形工具等工具的组合运用，完成交通标志的制作。

案例知识点：钢笔工具、圆角矩形工具、多边形工具。

案例实施：

步骤 01　新建一个宽和高分别为 800 像素和 800 像素、RGB 模式的文件。

步骤 02　新建图层 1，使用钢笔工具，绘制三角形路径(见图 5-2-80、图5-2-81)。

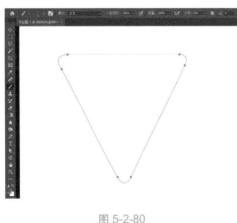

图 5-2-80

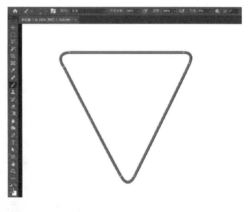

图 5-2-81

步骤 03　在控制面板中单击"路径"选项卡，按 Shift+Alt 快捷键，居中缩小三角形路径，使用 Ctrl+Enter 快捷键，激活路径选区，填充为红色 (见图 5-2-82、图 5-2-83)。

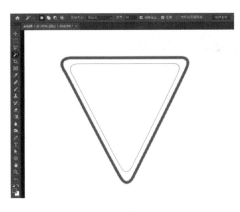

图 5-2-82

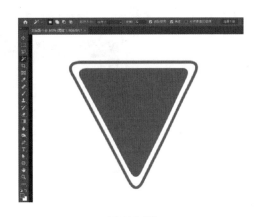

图 5-2-83

步骤 04　使用钢笔工具，居中绘制一个较小的三角形，使用 Ctrl+Enter 快捷键，激活路径选区，填充为白色。使用文本工具，字号设置为 60，字体设置为黑体，居中输入"让"字，使用魔棒工具在空白位置填充白色，完成最终效果（见图 5-2-84 ~图 5-2-87）。

图 5-2-84

图 5-2-85

图 5-2-86

图 5-2-87

步骤 05 新建图层 2，选择椭圆工具，绘制圆形路径（见图 5-2-88）。

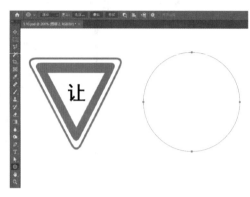

图 5-2-88

步骤 06 在控制面板中选择"路径"选项卡，单击"将路径作为选区载入"按钮，为选区填充为红色 (#ff0000)。执行"选择"→"变换选区"命令，按 Shift+Alt 快捷键，居中收缩选区，为选区填充为黄色 (#ffd324)(见图 5-2-89 ～图 5-2-91)。

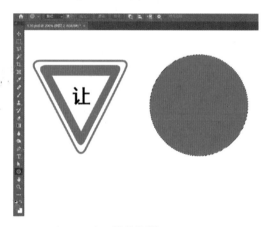

图 5-2-89

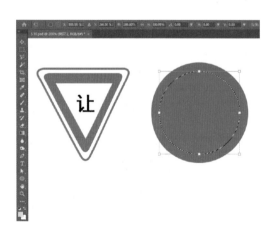

图 5-2-90

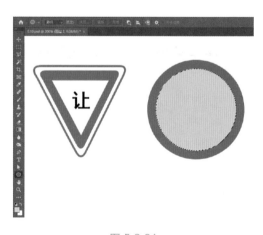

图 5-2-91

步骤 07　新建图层 3，创建矩形选区，填充黑色，按 Ctrl+T 键，旋转 45 度，复制图层，旋转 90 度，完成最终效果 (见图 5-2-92)。

步骤 08　新建图层 4，选择圆角矩形工具，在选项栏中设置半径为 10 像素，绘制圆角矩形路径 (见图 5-2-93)。

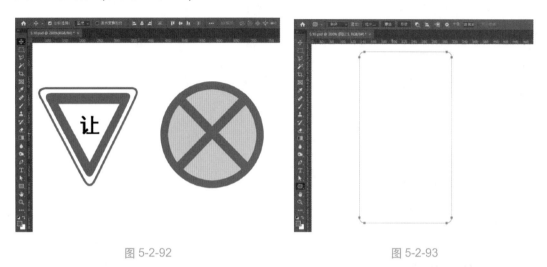

图 5-2-92　　　　　　　　　　　　　　　　　图 5-2-93

在控制面板中选择"路径"选项卡，单击"用画笔描边路径"按钮，画笔笔触大小为 5 像素，将路径描边为蓝色 (见图 5-2-94)。

图 5-2-94

执行"选择"→"变换选区"命令，收缩选区，激活路径选区，为选区填充蓝色，使用钢笔工具绘制箭头，填充白色，完成最终效果 (见图 5-2-95、图 5-2-96)。

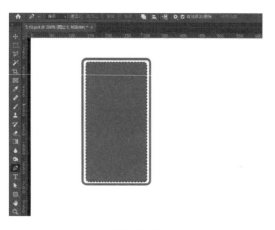

图 5-2-95

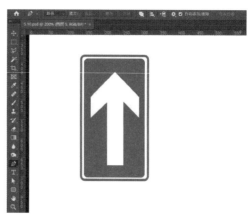

图 5-2-96

图 5-2-97

步骤 09　新建图层 5，选择多边形工具，在选项栏中设置多边形选项：边为 8、半径为 180 像素，绘制多边形路径 (见图 5-2-97)。

在控制面板中选择"路径"选项卡，点击把"将路径作为选区载入"按钮，为选区填充红色 (#ff0000)，执行"选择"→"修改"→"收缩"命令，收缩选区 5 像素，填充选区颜色为白色 (见图 5-2-98)。

收缩选区 12 像素，填充选区颜色为红色。使用文字工具在适当的位置输入相应文字 (见图 5-2-99)。

图 5-2-98

图 5-2-99

练习实例 5.9 绘制卡通熊猫

扫一扫，看视频

文件路径	资源包\项目 5\练习实例 5.9 绘制卡通熊猫
难易指数	★★★★☆
技术要领	钢笔工具、直接选择工具

案例效果：如图 5-2-100 所示。

图 5-2-100

案例说明：使用钢笔工具、直接选择工具绘制并调整熊猫的面部轮廓，通过用画笔描边路径，绘制熊猫嘴部线条。

案例知识点：钢笔工具、直接选择工具。

案例实施：

步骤 01 新建一个宽和高分别为 1000 像素和 800 像素、RGB 模式的文件。

步骤 02 新建图层 1，使用椭圆工具绘制熊猫的头部，点击直接选择工具，调整熊猫头部路径，按 Ctrl+Enter 快捷键激活选区，填充白色（见图 5-2-101 ~ 图 5-2-103）。

图 5-2-101

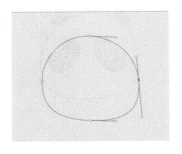

图 5-2-102

图 5-2-103

步骤 03 双击图层 1 面板，为熊猫头部轮廓添加黑色描边效果（见图 5-2-104、图 5-2-105）。

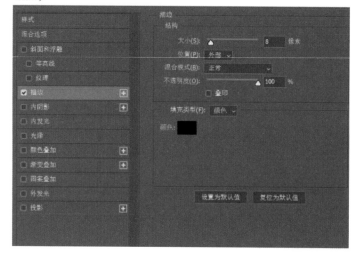

图 5-2-104

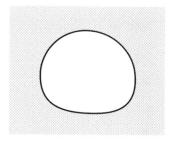

图 5-2-105

步骤 04 新建图层 2，使用椭圆工具绘制熊猫的耳朵，点击直接选择工具，修改耳部轮廓，按 Ctrl+Enter 快捷键激活选区，将耳部填充为深褐色 #231815(见图 5-2-106、图 5-2-107)。

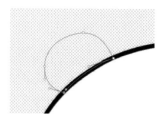

图 5-2-106

图 5-2-107

步骤 05 新建图层 3，使用钢笔工具绘制熊猫眼部路径，激活选区，填充眼部为深褐色 #231815(见图 5-2-108、图 5-2-109)。

图 5-2-1108

图 5-2-109

步骤 06 使用椭圆选框工具绘制熊猫眼睛，复制眼睛图层，执行"编辑"→"变换"→"水平翻转"命令，将另一只眼睛移动至右侧 (见图 5-2-110、图 5-2-111)。

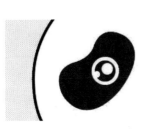

图 5-2-110

图 5-2-111

步骤 07　使用钢笔工具分别绘制熊猫的鼻子和嘴巴，嘴巴的绘制应灵活调整画笔粗细，使熊猫面部更为自然、可爱 (见图 5-2-112)。

图 5-2-112

步骤 08　设置椭圆选框工具羽化值为 10 像素，颜色设置为 #f5bcd3，为熊猫脸部绘制腮红。新建图层，将背景设置为浅绿色 #d3ffe1，将最终效果保存到指定文件夹中。(见图 5-2-113)。

图 5-2-113

练习实例 5.10　制作祥云火炬

扫一扫，看视频	文件路径	资源包 \ 项目 5\ 练习实例 5.10 制作祥云火炬
	难易指数	★★★☆☆
	技术要领	钢笔工具、转换点工具、添加锚点工具

　　案例效果: 如图 5-2-114 所示。

　　案例素材: 如图 5-2-115 所示。

图 5-2-114   图 5-2-115

案例说明：使用转换点工具、钢笔工具调整火焰曲线轮廓、绘制火炬，为火炬添加祥云纹路，完成制作。

案例知识点：钢笔工具、转换点工具、添加锚点工具。

案例实施：

步骤 01　新建一个宽和高分别为 600 像素和 600 像素、RGB 模式的文件。

步骤 02　新建图层，使用钢笔工具绘制一个多边形路径，选择转换点工具，修改路径的形状（见图 5-2-116、图 5-2-117）。

图 5-2-116   图 5-2-117

步骤 03　单击控制面板中的"路径"选项卡，单击"将路径作为选区载入"按钮（或按 Ctrl+Enter 快捷键），将路径转换为选区，填充橙色 (#ffb554) 至红色 (#ff0000) 渐变，复制图层并缩放及移动位置（见图 5-2-118 ~ 图 5-2-120）。

图 5-2-118   图 5-2-119   图 5-2-120

步骤 04　新建图层，用钢笔工具绘制火炬路径，在矩形火炬两侧添加锚点，使用转换点工具修改路径形状 (见图 5-2-121、图 5-2-122)。

图 5-2-121

图 5-2-122

步骤 05　新建图层，使用钢笔工具绘制手持杆的路径 (见图 5-2-123)。

步骤 06　新建图层，将外部素材"祥云"导入文档，调整图片位置 (见图 5-2-124)。

图 5-2-123

图 5-2-124

步骤 07　选中祥云图层并右击，在弹出的快捷菜单中选择命令，在该图层上创建剪贴蒙版 (见图 5-2-125)。

图 5-2-125

本项目的拓展案例可扫描以下二维码获取。

拓展案例 5.1　　拓展案例 5.2　　拓展案例 5.3　　拓展案例 5.4　　拓展案例 5.5

项目小结

　　本项目主要是考核学生对形状工具组、钢笔工具组两大方面的学习与应用，通过掌握形状工具组、钢笔工具组的相关操作，学生能够根据题目要求、参照案例效果图，绘制线条及流畅的曲线，绘制矢量图，完成某些绘图工具无法实现的效果。同时，在拓展模块部分，教师可结合课程思政内容，将中国传统文化融入课堂。

项目 6

图层效果的应用

项目导读

图层效果的应用主要是讲解图层混合模式、图层样式、蒙版的应用。图层混合模式和图层样式是图层操作中的高级应用，可以为图像实现很多种特殊效果，帮助读者实现更高级的设计。而蒙版则是 Photoshop 2020 中很重要的知识之一。在进行图像编辑时，常常需要保护一部分图像，使其不受各种操作的影响，这时就需要用到蒙版。它具有类似选区的保护作用，而且相比选区增加了隐藏图像的功能。常用的蒙版有快速蒙版、图层蒙版、剪贴蒙版。Photoshop 2020 还新增了图框工具，其作用与蒙版相同。

知识与技能目标

(1) 掌握不同图层混合模式的应用方法。
(2) 掌握不同图层样式的应用方法。
(3) 掌握快速蒙版、图层蒙版、管理图层蒙版、剪贴蒙版的应用方法。

情感目标

(1) 能够提升审美能力和艺术修养。
(2) 能够结合专业特点，深刻认识专业技能学习和刻苦努力相结合的时代精神。
(3) 能够掌握 Photoshop 图层的应用方法，培养工匠精神与创新精神。

案例欣赏

Photoshop 2020 图像处理培训教程

思维导图

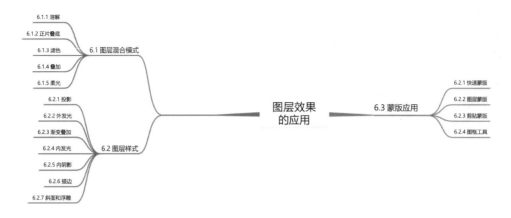

6.1 知识点链接

知识点 6.1 图层混合模式

图层混合模式是指调整当前图层的像素属性，使之与下层图层的像素产生叠加效果。Photoshop 2020 中提供了 27 种效果不同的混合模式，在图层面板的"混合模式"下拉列表中选择不同选项，可改变当前图层的混合模式。

除正常模式和溶解模式外，根据混合模式效果的不同，混合模式可分为变暗模式、变亮模式、饱和度模式、差集模式和颜色模式，如图 6-1-1 所示。

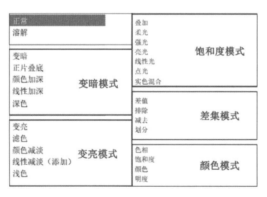

图 6-1-1

下面讲解最常用的混合模式——溶解、正片叠底、滤色、叠加和柔光。

1. 溶解

溶解模式多用于实现噪点效果，可配合图层的不透明度使用。新建空白图层，在其中绘制一个矩形，如图 6-1-2 所示。选择矩形，在图层混合模式下拉列表中选择"溶解"选项，并降低矩形图层的不透明度，效果如图 6-1-3 所示。

图 6-1-2

图 6-1-3

2. 正片叠底

正片叠底是指上下两个图层混合使图像整体颜色变暗，同时使图像色彩变得更加饱满。在正片叠底混合模式下，白色与任何颜色混合时都会被替换，而黑色跟任何颜色混合都不变，因此这个混合模式还经常用于去除图层中的白色部分。以如图 6-1-4 所示的图像为例，将其置入文档后，选中手绘文字图层，将其图层混合模式修改为"正片叠底"，即可得到图 6-1-5 所示的效果。

图 6-1-4

图 6-1-5

3．滤色

滤色是指上下两个图层混合使图像整体变亮，产生一种"漂白"的效果。在滤色模式下，如果混合的图层中有黑色，黑色将会消失，因此这个模式也通常用于去除图层中的深色部分，如抠取光斑、火焰等黑底或深色底的素材。以如图 6-1-6 所示的光斑素材为例，将其置入文档后，选中光斑图层，将其图层混合模式修改为"滤色"，再为其添加图层蒙版，将边缘生硬的部分擦除，效果如图 6-1-7 所示。

图 6-1-6

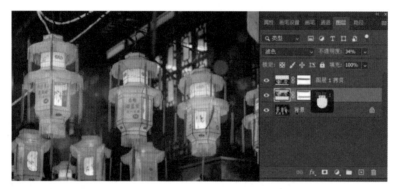

图 6-1-7

4．叠加

叠加是指上层图像中亮的部分会使最终效果更亮，而上层图像中暗的部分会使最终效果更暗，同时叠加还可以提升图像的饱和度。

以如图 6-1-8 所示的图像为例，将其置入文档后，选择彩色渐变图层，将其图层混合模式修改为"叠加"，效果如图 6-1-9 所示。

图 6-1-8

图 6-1-9

5. 柔光

柔光和叠加类似，同样可以使高亮区域更亮、较暗区域更暗，以此增加画面的对比度。二者的区别在于：柔光效果比叠加效果更加柔和，它会使图层之间产生一种柔和的光线效果，如图 6-1-10 所示（左图为叠加效果，右图为柔光效果）。

图 6-1-10

知识点 6.2 图层样式

图层样式是指为图层中的普通图像添加特殊效果，从而制作出具有阴影、斜面和浮雕、边、渐变等效果的图像。

执行"图层"→"图层样式"命令，在弹出的子菜单中选择相应的命令，即可建立图层样式。单击图层面板底部的"添加图层样式"按钮 fx ，在弹出的快捷菜单中选择相应的图层样式，也可以创建图层样式。亦可在需要添加图层样式的图层名称右侧空白位置双击，在弹出的图层样式对话框中勾选相应复选框进行图层样式的添加，如图 6-1-11 所示。

1. 投影

投影图层样式用于模拟物体受到光照后产生的效果，主要用于突显物体的立体感。执行"投影"命令后，在弹出的图层样式对话框中，将自动勾选"投影"复选框，其参数包括阴影的混合模式、不透明度、角度和距离等，如图 6-1-12 所示，其投影参数介绍如下。

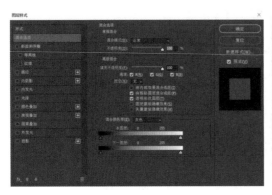

图 6-1-11

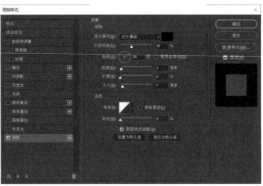

图 6-1-12

(1) 混合模式。默认为"正片叠底"，单击其右侧的下拉按钮，即可在打开的下拉列表中选择不同的混合模式。多数情况下使用默认的正片叠底模式，投影效果非常自然。当运用投影图层样式做发光效果时，混合模式一般选择滤色或正常。

(2) 投影颜色。单击混合模式下拉列表框右侧的色块，即可在弹出的对话框中设置投影的颜色。

(3) 不透明度。用于设置投影的不透明度，可以拖曳其右侧的滑块或在文本框中输入数值，来改变图层的透明度，数值越大，投影颜色越深。

(4) 角度。用于设置投影的角度，可以拖曳角度指针进行角度的设置，也可以在其右侧的文本框中输入数值，来确定投影的角度。

(5) "使用全局光"选项。用于设置是否采用相同的光线照射角度。多数情况下不勾选此选项，可保证每个图层的光照方向独立，不被其他图层影响。

(6) 距离。用于设置投影的偏移量，数值越大，偏移量越大。

(7) 扩展。用于设置投影的模糊边界，数值越大，模糊的边界越小。

(8) 大小。用于设置投影模糊的程度，数值越大，投影越模糊。

其他选项在图像制作过程中多保持默认状态，故不做进一步讲解。

2．外发光

外发光图层样式是指沿着图层的边缘向外产生发光效果。执行"外发光"命令后，在弹出的图层样式对话框中，将自动勾选"外发光"复选框，其参数包括外发光的混合模式、颜色、不透明度、杂色、扩展和大小等，如图 6-1-13、图 6-1-14 所示，其外发光参数介绍如下。

3．渐变叠加

渐变叠加混合模式的设置方式与其他图层样式的设置方式相同，具体的混合模式应根据需要选择使用，多数的时候选择"正常"。

单击渐变色条，弹出渐变编辑器对话框，可进行渐变颜色的设置。

(1) 样式。单击其右侧的下拉按钮，可选择线性、径向、对称的、角度、菱形等渐变样式。

(2) 角度。拖曳角度指针或在文本框中输入数值，可改变渐变填充的方向。

缩放调节渐变，可使其过渡效果更自然。

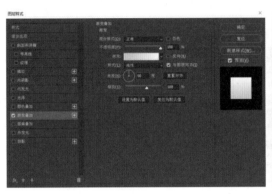

图 6-1-13

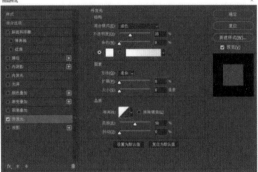

图 6-1-14

4．内发光

内发光图层样式和外发光图层样式的效果在方向上相反，内发光图层样式是沿着图层的边缘向内产生发光效果，其参数设置面板中与外发光图层样式相比，多了"居中"和"边缘"两个单选按钮，如图 6-1-15 所示。

选择"居中"单选按钮，内发光效果将从图层的中心向外进行过渡。选择"边缘"单选按钮，内发光效果将从图层的边缘向内进行过渡。

5．内阴影

内阴影图层样式可以在紧靠图层内容的边缘内部添加阴影，常用于制作图层的凹陷效果，其设置界面如图 6-1-16 所示。

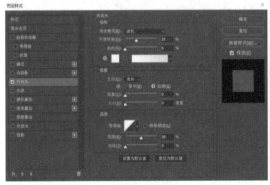

图 6-1-15

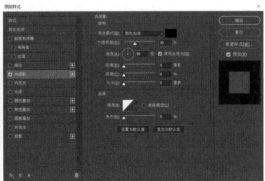

图 6-1-16

内阴影与投影的选项设置方式基本相同。它们的不同之处在于投影是通过"扩展"选项来控制投影边缘的渐变程度的，而内阴影则是通过"阻塞"选项来控制的。"阻塞"可以在模糊之前收缩内阴影的边界。

设置内阴影时，阴影颜色的深浅不同，也会使图像呈现凹凸不平的效果。且内阴影也可多次添加，叠加多个内阴影可使图像呈现立体效果。

> **▲提示** 在内阴影图层样式已设置的状态下，将鼠标指针移到设置面板可改位置描边。

当需要为图像或文字添加外轮廓时，可以使用描边图层样式。勾选"描边"复选框，打开其参数设置面板，可以设置描边的大小、位置和颜色等，如图 6-1-17 所示。

描边的位置有外部、内部和居中。外部是描边沿着图像的边缘向外生成，图像的轮廓会增大，且图像的拐角处会有弧度产生，常用于外观比较小的对象，可防止对象添加描边后内部被遮挡。内部是描边沿着图像的边缘向内生成，图像大小不变，且描边轮廓与图像轮廓一致。居中是描边沿着图像的边缘向内外同时生成，且图像拐角处也会有弧度产生，相对外部，其产生的弧度小一些。

6. 斜面和浮雕

斜面和浮雕图层样式用于增强图像边缘的明暗程度，并增加高光使图层产生立体感。斜面和浮雕图层样式可以配合等高线来调整图像的立体轮廓，还可以为图层添加纹理特效，如图 6-1-18 所示。

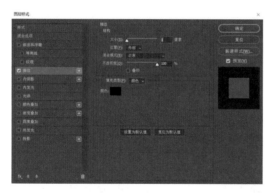

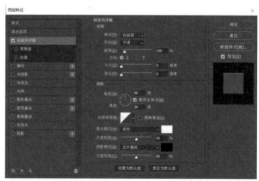

图 6-1-17 图 6-1-18

通过不同的参数设置，斜面和浮雕效果可使图像产生丰富的立体效果，主要参数的介绍如下。

(1) 样式。用于设置立体效果的具体样式，有外斜面、内斜面、浮雕效果、枕状浮雕和描边浮雕 5 种样式。外斜面基于图像边缘向外产生凹凸效果；内斜面基于图像边缘向内产生凹凸效果；浮雕效果可以产生一种凸出的效果；枕状浮雕可以产生一种凹陷的感觉；描边浮雕需要结合描边样式才能起作用，主要针对描边产生浮雕效果。

(2) 方法。用于设置立体效果边缘产生的方法，有平滑、雕刻清晰和雕刻柔和 3 种。平滑产生边缘平滑的浮雕效果，雕刻清晰产生边缘较硬的浮雕效果，雕刻柔和产生边缘较柔和的浮雕效果。

(3) 深度。用于设置立体效果的强度，数值越大，立体感越强。

(4) 方向。用于设置阴影和高光的分布，选择"上"单选按钮，表示高光区域在上，阴影区域在下；选择"下"单选按钮，表示高光区域在下，阴影区域在上。

(5) 大小。用于设置图像中的明暗分布，数值越大，高光越多。

(6) 软化。用于设置阴影的模糊程度，数值越大，阴影越模糊。

(7) "阴影"选项组。主要针对浮雕的明暗面进行调节，其中角度决定了明暗面的角度，高光模式和阴影模式主要是调节明暗面颜色的。

(8) "等高线"复选框。勾选该复选框，可以在其右侧的参数设置面板中设置等高线，来控制立体效果。不同的等高线可以使图像产生不一样的立体效果，一般默认选择第一种，用户也可以根据自己的需要自定义等高线。

(9) "纹理"选项。可以在其右侧的参数设置面板中设置纹理来填充图像，使图像具有立体效果。

知识点 6.3　蒙版

1. 快速蒙版

快速蒙版可以在图像上创建一个临时的蒙版效果，方便编辑。打开图像后，单击工具箱最下方的"快速蒙版"按钮，即可进入快速蒙版状态。

选中工具箱中的画笔工具，将前景色和背景色复位为黑色和白色，并调整画笔的大小与硬度，在画布上涂抹，可以看到涂抹的区域呈现出半透明的红色，如图 6-1-19 所示。

图 6-1-19

再次单击"快速蒙版"按钮，可以退出快速蒙版状态。此时画笔没有涂抹的区域会被选中，形成选区，如图 6-1-20 所示。按快捷键 Ctrl+Shift+I 可以反转选区，按快捷键 Ctrl+J 可以将涂抹的区域抠出，如图 6-1-21 所示。

图 6-1-20 图 6-1-21

▲提示 在快速蒙版状态下，黑色画笔用于涂抹，白色画笔用于擦除。当涂抹错误需要擦除或修正时，可以按 X 键将画笔颜色切换为白色，来擦除错误的部分。

2. 图层蒙版

蒙版是一种遮罩工具，可以把图像中不需要显示的部分遮挡起来，图层蒙版的优势在于不会损坏图像本身，能对图像起保护作用，方便后期随时修改。在图层面板中选中要添加图层蒙版的图层，单击图层面板下方的"添加图层蒙版"按钮，即可为图层添加图层蒙版，图层蒙版默认为白色，如图 6-1-22 所示。

图 6-1-22

在图层面板中单击图层蒙版缩览图，即可选中图层蒙版。在选中图层蒙版的状态下，用黑色画笔在画布上涂抹，涂抹的区域在图层蒙版缩览图中显示为黑色，对应区域的图像在画布上变为完全透明。图层蒙版缩览图中显示为白色的部分，对应区域的图像在画布上变为完全不透明；图层蒙版缩览图中显示为灰色的部分，对应区域的图像在画布上变为半透明，如图 6-1-23 所示。

图 6-1-23

▲提示 按住 Alt 键，在图层面板中单击"添加图层蒙版"按钮，可添加黑色蒙版，图像为隐藏状态。

知识点 6.4 管理图层蒙版

图层蒙版的管理包括编辑图层蒙版、移动图层蒙版、停用和启用图层蒙版、进入图层蒙版、应用图层蒙版和删除图层蒙版等。下面就针对图层蒙版的管理进行详细讲解。

1. 编辑图层蒙版

编辑图层蒙版是指根据需要隐藏或显示图像，并使用适合的工具来调整图层蒙版中的黑色区域和白色区域。编辑图层蒙版常用的工具有画笔工具、钢笔工具、选区工具、渐变工具等。

(1) 使用画笔工具编辑图层蒙版。使用画笔工具编辑图层蒙版可以灵活地结合画笔工具的笔触大小和笔刷样式实现特殊的图像合成效果。黑色画笔用于隐藏图像，白色画笔用于显示图像。普通的合成过渡效果多使用柔边圆笔头，同时结合画笔的不透明度，涂抹图层蒙版，实现图层之间的合成需求，如图 6-1-24 所示。也可以使用艺术笔刷实现特殊合成效果，如图 6-1-25 所示。

图 6-1-24

图 6-1-25

> **▲提示** 使用画笔工具编辑图层蒙版时，可调整画笔的不透明度来实现半透明效果。选中图层蒙版，前景色与背景色默认为黑色和白色，按 X 键可切换画笔颜色，根据实际需要在图层蒙版上进行涂抹，从而实现对图像的隐藏或显示。

(2) 使用钢笔工具编辑图层蒙版。当需要对图层蒙版进行精准的编辑时，可以使用钢笔工具。在添加图层蒙版之前，先用钢笔工具绘制路径，得到选区后再添加图层蒙版。此时，图层蒙版的选区内自动填充为白色，选区外自动填充为黑色，这种方法常在抠图时使用。以如图 6-1-26 所示的图像为例，使用钢笔工具绘制精确的路径，按快捷键 Ctrl+Enter 将路径转换为选区，如图 6-1-27 所示，单击图层面板下方的 ◻ 按钮，即可将选区内的图像抠出，如图 6-1-28 所示。

图 6-1-26

图 6-1-27

图 6-1-28

▲提示 在不破坏原图的前提下，要想实现快速抠图目的，可利用选区工具建立图像轮廓选区，再添加图层蒙版，实现用图层蒙版抠图的目的。

（3）使用渐变工具编辑图层蒙版。使用渐变工具在图层蒙版上填充黑白色渐变，可以快速实现图像合成效果，如图 6-1-29 所示。

图 6-1-29

在图层蒙版上填充黑白色渐变，后一次的效果会覆盖前一次的效果。在实际工作中，有时会需要在图层蒙版上叠加使用多次渐变效果，才能达到合成图像的目的。选择渐变工具，设置渐变色为 100% 不透明度的黑色至 0% 不透明度的黑色，如图 6-1-30 所示。此时，可在图层蒙版上叠加使用多次渐变效果。

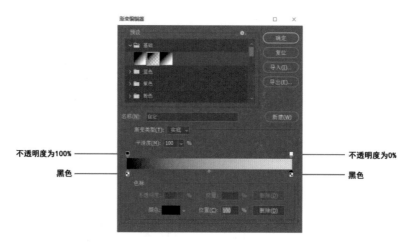

图 6-1-30

▲提示 选中图层蒙版，按快捷键 Ctrl+I 可使图层蒙版黑白反相。此时，图像中显示和隐藏的区域相反。按住 Ctrl 键并单击图层蒙版缩览图，可将图层蒙版中的图像作为一个选区载入。

2．移动图层蒙版

默认情况下，图层和图层蒙版之间保持着链接关系，使用移动工具移动图层时，图层蒙版也会随之移动。单击图层与图层蒙版之间的链接按钮 可以取消链接，此时可以独立移动图层或图层蒙版。

3. 停用和启用图层蒙版

按住 Shift 键单击图层蒙版缩览图可以暂时停用图层蒙版，再次按住 Shift 键单击图层蒙版缩览图可重新启用图层蒙版。此时图层蒙版中会出现一个红色的"X"，单击即可重新启用图层蒙版。在图层蒙版缩览图上右击，在弹出的快捷菜单中选择"停用图层蒙版"命令也可以暂时停用图层蒙版，如图 6-1-31 所示。

图 6-1-31

4. 进入图层蒙版

按住 Alt 键单击图层蒙版缩览图可以进入图层蒙版，并在工作区中显示图层蒙版，如图 6-1-32 所示。再次按住 Alt 键单击图层蒙版缩览图，可退出图层蒙版返回到图像状态，单击图层缩览图也可以退出图层蒙版。

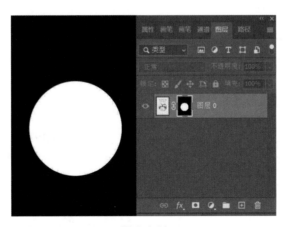

图 6-1-32

5. 应用图层蒙版

应用图层蒙版是指删除图层蒙版中与黑色区域对应的图像，保留与白色区域对应的图像，删除与灰色区域对应图像的部分像素。在图层蒙版上右击，在弹出的快捷菜单中选择

"应用图层蒙版"命令即可，如图 6-1-33 所示。

图 6-1-33

> **▲提示** 当图层为形状图层或智能对象图层时，"应用图层蒙版"不可用，需要先将图层栅格化为普通图层。

6.删除图层蒙版

删除图层蒙版是指取消图层蒙版对当前图层的遮挡作用。只需在图层蒙版缩览图上右击，在弹出的快捷菜单中选择"删除图层蒙版"命令即可。也可直接将图层蒙版拖曳到图层面板下方的 🗑 按钮上进行删除。

知识点 6.5 剪贴蒙版

剪贴蒙版是指使上下两个图层之间产生遮挡关系，用上层图层中的内容来覆盖下层图层的形状，下层图层的形状决定图像显示的区域。因此剪贴蒙版总是成组出现。

建立剪贴蒙版的方法是按住 Alt 键，将鼠标指针移到需要建立剪贴蒙版的两个图层之间，当鼠标指针变为 时，单击鼠标左键即可建立剪贴蒙版，如图 6-1-34 所示。

图 6-1-34

再次按住 Alt 键，将鼠标指针移到这两个图层之间，鼠标指针变为 时，单击，可以释放剪贴蒙版。

> ▲提示 按快捷键 Ctrl+Alt+G 也可创建和释放剪贴蒙版。

6.2 练习实例

练习实例 6.1 制作露珠效果

文件路径	资源包 \ 项目 6 \ 练习实例 6.1 制作露珠效果
难易指数	★★☆☆☆
技术要领	图层样式——内阴影、投影

扫一扫，看视频

案例效果：如图 6-2-1 所示。

图 6-2-1

案例素材：如图 6-2-2 所示。

图 6-2-2

案例说明：使用椭圆工具绘制露珠选区，为其添加图层样式制作出露珠的立体效果。

案例知识点：图层样式——内阴影、投影。

案例实施：

步骤 01　打开素材，使用椭圆工具建立一个椭圆选区，执行"图层"→"新建"→"通过拷贝的图层"命令（快捷键为 Ctrl+J），新建图层 1（见图 6-2-3）。

图 6-2-3

步骤 02　对图层 1 执行"图层"→"图层样式"→"投影"命令（投影颜色为 #457219)(见图 6-2-4)。

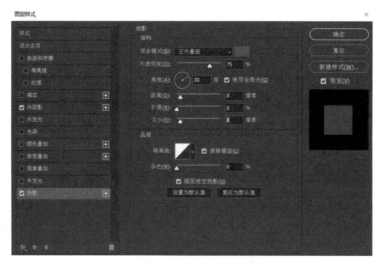

图 6-2-4

步骤 03　对图层 1 执行"图层"→"图层样式"→"内阴影"命令（颜色为 #32670f)（见图 6-2-5)。

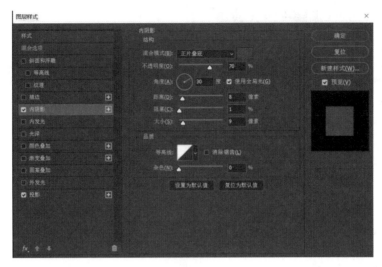

图 6-2-5

步骤 04 使用模糊命令对图层 1 的边缘进行模糊处理 (见图 6-2-6)。

图 6-2-6

步骤 05 载入图层 1 选区，新建图层 2，使用渐变工具对选区进行从上向下、由白色到透明色的线性渐变 (见图 6-2-7)。

图 6-2-7

步骤 06 按 Ctrl+T 快捷键，对图层 2 进行缩放，调整不透明度为 50%，复制图层 2，执行 "编辑" → "变换" → "垂直翻转" 命令，移动并缩小图层 2 拷贝，不透明度设置为 35%。

练习实例 6.2　制作温暖一家人效果

文件路径	资源包\项目 6\练习实例 6.2 制作温暖一家人效果	
难易指数	★★☆☆☆	
技术要领	图层样式——描边、投影、内阴影	

扫一扫，看视频

案例效果：如图 6-2-8 所示。

案例素材：如图 6-2-9 所示。

图 6-2-8

图 6-2-9

案例说明：使用钢笔工具绘制"心形"路径，为该形状添加图层样式。

案例知识点：图层样式——描边、投影、内阴影。

案例实施：

步骤 01　打开素材文件。双击背景图层，转化为普通图层 0，使用钢笔工具，在选项栏中选择"心形"形状，绘制心形路径（见图 6-2-10）。

步骤 02　选择控制面板中的"路径"选项卡，单击"将路径作为选区载入"按钮，把路径转换为选区。执行"选择"→"反向"命令，按 Delete 键删除选区内的图像（见图 6-2-11）。

图 6-2-10

图 6-2-11

步骤 03　为图层 0 添加图层样式"描边""投影"和"内阴影"，颜色值为 #ff9000（见图 6-2-12～图 6-2-14）。

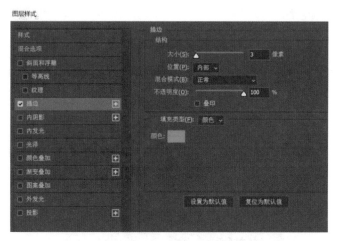

图 6-2-12

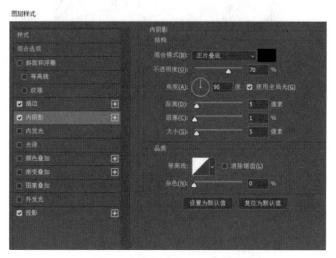

图 6-2-13

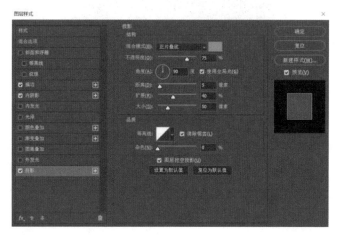

图 6-2-14

练习实例 6.3　制作边框效果

文件路径	资源包\项目6\练习实例 6.3 制作边框效果
难易指数	★★☆☆☆
技术要领	图层样式—投影、蒙版

扫一扫，看视频

案例效果：如图 6-2-15 所示。

图 6-2-15

案例素材：如图 6-2-16 所示。

图 6-2-16

案例说明：在快速蒙版编辑模式下，使用画笔描画图片边缘，删除边缘区域，为图片添加投影的图层样式。

案例知识点：图层样式——投影、蒙版。

案例实施：

步骤 01　打开素材文件，双击背景层，转化为普通图层 0，单击"以快速蒙版模式编辑"按钮，进入快速蒙版编辑模式。

步骤 02　选择画笔工具，打开画笔控制面板（见图 6-2-17 ～图 6-2-19）。

图 6-2-17

图 6-2-18

图 6-2-19

步骤 03 使用画笔涂抹图像的边缘（图 6-2-20）。

图 6-2-20

步骤 04 退出蒙版编辑状态，执行"选择"→"反向"命令，按 Delete 删除选区内的图像。

步骤 05 添加图层样式"投影"，新建图层，填充白色作为背景。

练习实例 6.4 合成图像效果

扫一扫，看视频

文件路径	资源包 \ 项目 6\ 练习实例 6.4 合成图像效果
难易指数	★★☆☆☆
技术要领	添加矢量蒙版、图层混合模式—叠加

案例效果：如图 6-2-21 所示。

图 6-2-21

案例素材：如图 6-2-22、图 6-2-23 所示。

图 6-2-22   图 6-2-23

案例说明：将案例素材放至同一文件内，通过添加矢量蒙版与图层混合模式，完成案例效果图。

案例知识点：添加矢量蒙版、设置图层混合模式为"叠加"。

案例实施：

步骤 01　打开素材文件，使用移动工具把素材 key.jpg 移动到 clock.jpg 中，按 Ctrl+T 快捷键放大 key.jpg，使之与 clock.jpg 图像大小一样（见图 6-2-24）。

图 6-2-24

步骤 02 使用裁剪工具，裁剪画布，单击"图层"面板中的"添加矢量蒙版"按钮，为图层 1 创建蒙版（见图 6-2-25、图 6-2-26）。

图 6-2-25

图 6-2-26

步骤 03 使用渐变工具添加从左向右的绿 – 黄 – 红线性渐变，设置图层混合模式为"叠加"。

练习实例 6.5 制作窗影效果

扫一扫，看视频

文件路径	资源包 \ 项目 6\ 练习实例 6.5 制作窗影效果
难易指数	★★★☆☆
技术要领	添加矢量蒙版、图层混合模式—滤色

案例效果：如图 6-2-27 所示。

图 6-2-27

案例素材：如图 6-2-28、图 6-2-29 所示。

图 6-2-28

图 6-2-29

案例说明：结合前面章节的学习，生成窗户选区，将该选区放至人物素材中并拷贝，使用图层蒙版与图层混合模式完成案例效果图。

案例知识点：添加矢量蒙版、图层混合模式——滤色。

案例实施：

步骤 01　打开素材文件。使用矩形选框工具和魔棒工具，创建窗户选区（见图 6-2-30）。

步骤 02　把窗户选区移动到 girl.jpg 文件中，执行"选择"→"变换选区"命令，调整选区大小（见图 6-2-31）。

图 6-2-30

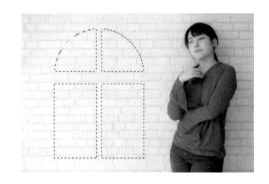

图 6-2-31

步骤 03　执行"图层"→"新建"→"通过拷贝图层"命令，新建窗户图层，执行"图像"→"调整"→"色阶"命令（见图 6-2-32、图 6-2-33）。

图 6-2-32

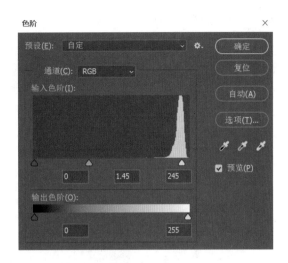

图 6-2-33

步骤 04 使用模糊工具对边缘进行模糊。单击"图层"面板中的"添加矢量蒙版"按钮，为图层 1 添加图层蒙版（见图 6-2-34、图 6-2-35）。

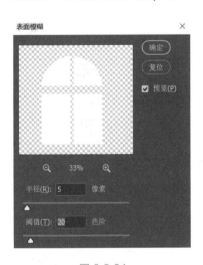

图 6-2-34

图 6-2-35

使用渐变工具为图层蒙版添加黑白线性渐变（见图 6-2-36）。

图 6-2-36

步骤 05 设置图层混合模式为"滤色",调整其不透明度为 75%(见图 6-2-37)。

图 6-2-37

练习实例 6.6 制作图像拆分重组效果

扫一扫,看视频

文件路径	资源包\项目 6\练习实例 6.6 制作图像拆分重组效果
难易指数	★★★☆☆
技术要领	剪贴蒙版

案例效果:如图 6-2-38 所示。

案例素材:如图 6-2-39 所示。

图 6-2-38

图 6-2-39

案例说明:结合前面章节的学习,创建矩形选框,将素材文件导入,为其创建剪贴蒙版,多次复制后完成最终效果。

案例知识点:剪贴蒙版。

案例实施:

步骤01 打开素材，新建图层 1，填充黑色。

步骤02 新建组 1，在组 1 内新建图层 2，使用矩形选框工具创建一个矩形选区，填充白色。执行"选择"→"修改"→"收缩"命令，收缩选区 30 像素。新建图层 3，填充黑色 (见图 6-2-40)。

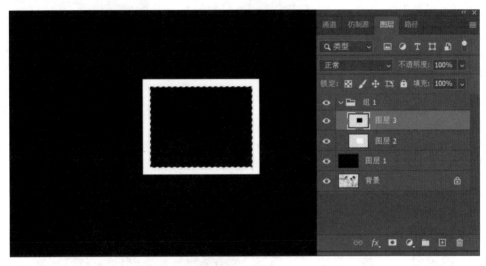

图 6-2-40

步骤03 双击背景层，复制图层 0，移动到组 1 内图层 3 的上方 (见图 6-2-41)。

图 6-2-41

步骤04 右击图层 0 拷贝，在弹出的快捷菜单中选择命令为图层 0 拷贝创建剪贴蒙版 (见图 6-2-42、图 6-2-43)。

图 6-2-42   图 6-2-43

步骤05 复制组1为组1拷贝，把图层2拷贝与图层3拷贝同时选中，单击链接，使用移动工具进行移动，按 Ctrl+T 快捷键旋转和缩放组1拷贝，断开链接，移动图层3拷贝，改变其边框大小（见图6-2-44）。

图 6-2-44

步骤06 多次重复步骤05的操作，直至布满全景为止。

练习实例 6.7 制作星空效果

扫一扫，看视频

文件路径	资源包 \ 项目 6\ 练习实例 6.7 制作星空效果
难易指数	★★☆☆☆
技术要领	矢量蒙版

案例效果：如图6-2-45所示。

图 6-2-45

案例素材：如图 6-2-46、图 6-2-47 所示。

图 6-2-46   图 6-2-47

案例说明：将抠取的地球图形置入星空素材内，为其创建矢量蒙版。

案例知识点：矢量蒙版。

案例实施：

步骤 01 打开素材，使用椭圆工具创建地球选区（见图 6-2-48）。

图 6-2-48

步骤 02 使用移动工具将地球选区拖入星空文件中，创建图层 1(见图 6-2-49)。

图 6-2-49

步骤 03 为图层 1 创建矢量蒙版，选择画笔，设置适当大小，用黑色涂抹地球，调整透明度，完成最终效果 (见图 6-2-50)。

图 6-2-50

练习实例 6.8　制作人面狮身效果

扫一扫，看视频

文件路径	资源包 \ 项目 6\ 练习实例 6.8 制作人面狮身效果
难易指数	★★★☆☆
技术要领	图层蒙版

案例效果 : 如图 6-2-51 所示。

图 6-2-51

案例素材：如图 6-2-52 和图 6-2-53 所示。

图 6-2-52

图 6-2-53

案例说明：将素材文件放至同一文档，通过图层蒙版的创建，完成最终效果。

案例知识点：图层蒙版。

案例实施：

步骤 01　打开素材，使用移动工具把 face.jpg 拖到 lion.jpg 文件中，并适当缩放大小（见图 6-2-54）。

步骤 02　单击"图层"面板中的"添加矢量蒙版"按钮，为图层 1 添加图层蒙版（见图 6-2-55）。

图 6-2-54

图 6-2-55

步骤 03　设置前景色为黑色，使用画笔工具，选择合适的画笔及大小，在蒙版中进行涂抹，保留人物面部区域。

练习实例 6.9　制作立春文字效果

文件路径	资源包 \ 项目 6\ 练习实例 6.9 制作立春文字效果
难易指数	★★☆☆☆
技术要领	图层样式 - 描边、外发光、内发光

案例效果：如图 6-2-56 所示。

图 6-2-56

案例素材：如图 6-2-57 所示。

图 6-2-57

案例说明：输入"立春"文字，为其设置图层样式。

案例知识点：图层样式 - 描边、外发光、内发光。

案例实施：

步骤01　打开立春背景图片，新建图层。

步骤02　使用文字工具，在选项栏中设置，在新建的图层中输入绿色文字"立春"，色彩为 #007650，字间距为 100(见图 6-2-58、图 6-2-59)。

图 6-2-58

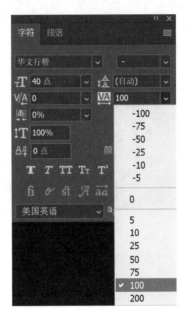

图 6-2-59

步骤 03 执行"图层"→"图层样式"→"描边"命令（见图 6-2-60、图 6-2-61）。

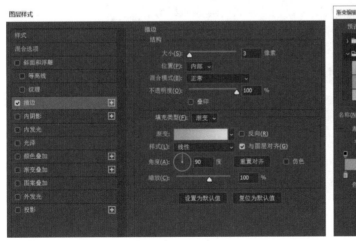

图 6-2-60

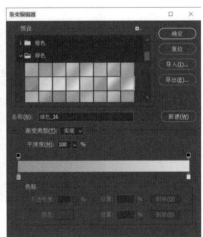

图 6-2-61

步骤 04 执行"图层"→"图层样式"→"外发光"命令，颜色值为 #16682d（见图 6-2-62）。

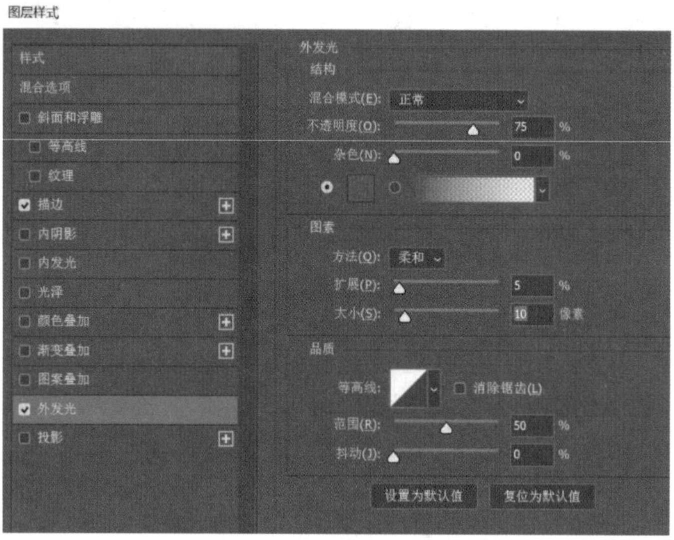

图 6-2-62

步骤 05　执行"图层"→"图层样式"→"内发光"命令，颜色值为 #ffe400(见图 6-2-63)。

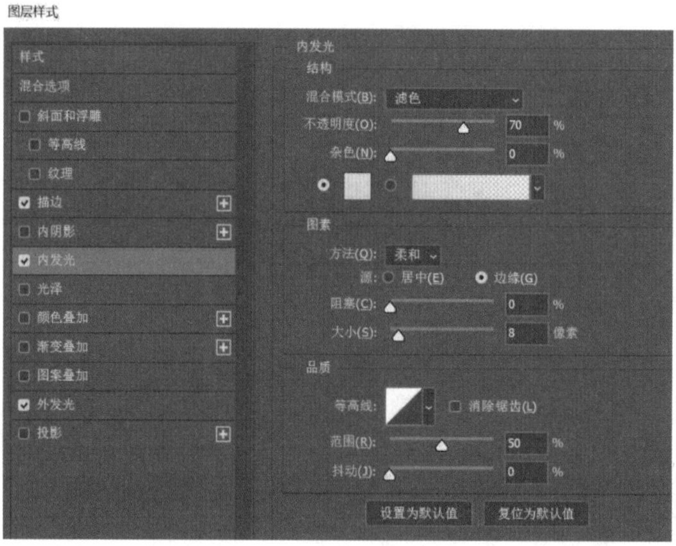

图 6-2-63

练习实例 6.10　制作骏马起跃效果

扫一扫，看视频

文件路径	资源包 \ 项目 6\ 练习实例 6.10 制作骏马起跃效果
难易指数	★★★☆☆
技术要领	图层样式 - 投影

案例效果：如图 6-2-64 所示。

案例素材：如图 6-2-65 所示。

图 6-2-64   图 6-2-65

案例说明：运用前面章节的知识内容，抠取骏马图右侧轮廓，为其添加投影的图层样式，输入文字，完成最后效果。

案例知识点：图层样式 – 投影。

案例实施：

步骤 01 打开素材文件，双击背景层，将背景图层转换普通图层 0，新建图层 1。

步骤 02 执行"图像"→"画布大小"命令，调整画布尺寸，删除图层 0 的白色背景区域 (见图 6-2-66、图 6-2-67)。

图 6-2-66   图 6-2-67

步骤 03 设定前 / 后景色 (#ffffff 和 #99a1b5)，执行"滤镜"→"渲染"→"云彩"命令，制作背景纹理 (见图 6-2-68)。

图 6-2-68

步骤 04　向右移动图层 0 的位置，新建图层 2，建立矩形选区，填充白色（见图 6-2-69）。

图 6-2-69

步骤 05　执行"图层"→"图层样式"→"投影"命令，投影颜色为 #999999（见图 6-2-70）。

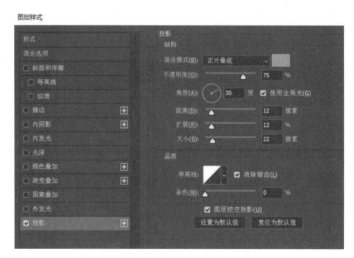

图 6-2-70

步骤 06　将标尺放置在与左侧白色区域等距的位置，作为位置参考（见图 6-2-71）。

步骤 07　使用多边形套索工具，选取图像右侧中除马匹以外的背景图像（见图 6-2-72)。

图 6-2-71

图 6-2-72

步骤 08　执行"图层"→"图层样式"→"投影"命令（图 6-2-73）。

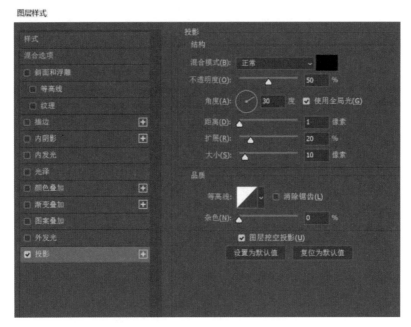
图 6-2-73

步骤 09　输入文字并添加投影效果。

本项目的拓展案例可扫描以下二维码获取。

拓展案例 6.1

拓展案例 6.2

拓展案例 6.3

拓展案例 6.4

拓展案例 6.5

拓展案例 6.6

拓展案例 6.7

项目小结

本项目主要带领学生熟悉图层混合模式、图层样式的区别与操作，通过掌握不同的图层混合模式与图层样式，学生可以结合题目要求与案例效果图，完成最终案例，为图像创建多种特殊效果。同时，在拓展模块部分，教师可结合课程思政内容，适当增加中国传统文化案例内容。

项目 7

特 效 滤 镜

项目导读

特效滤镜主要是讲解滤镜菜单栏下各类滤镜的使用和滤镜库中部分效果的应用，如滤镜菜单栏下风格化中"风"的效果、扭曲中的极坐标效果、渲染中的镜头光晕效果，渲染中的纤维效果、滤镜库中的半调图案应用等，学会这些知识后，可以对图层叠加使用各类滤镜，实现更加丰富的效果。

技能目标

(1) 掌握滤镜菜单栏下各类滤镜的使用方法。

(2) 掌握图案定义的方法。

(3) 掌握滤镜菜单栏下滤镜库模板的应用方法。

(4) 掌握滤镜菜单栏下液化工具对图像造型的调整方法。

(5) 掌握快速蒙版的使用方法。

情感目标

(1) 能够提升审美能力和艺术修养。

(2) 能够结合专业特点，深刻认识专业技能学习和刻苦努力相结合的时代精神。

(3) 能够掌握 Photoshop 滤镜的功能和效果，培养工匠精神与创新精神。

案例欣赏

思维导图

7.1 知识点链接

知识点 7.1 **滤镜库**

滤镜库中包含多种多样的特效滤镜，可以快速实现各种不同风格的图像效果。在设计工作中，滤镜库的使用概率不大，这里只简单讲解如何操作滤镜库。

以给图 7-1-1 所示的图像添加滤镜库中的效果为例，选择图像并执行"滤镜"→"滤镜库"命令，弹出滤镜库对话框。在对话框滤镜样式选择面板中选择想要添加的滤镜效果，对话框左侧将会显示应用滤镜后的预览效果，对话框右侧可针对当前效果进行相应的参数调整，如图 7-1-2 所示。当选择不同的滤镜时，预览框中所呈现的效果也不一样，右侧参数设置也随之变化，如图 7-1-3 所示。

图 7-1-1

图 7-1-2

图 7-1-3

▲提示 在滤镜库对话框中按住 Alt 键滚动鼠标滚轮，可放大或缩小左侧视图，以便随时观察图像细节。

知识点 7.2 智能滤镜

对智能对象图层添加的滤镜为智能滤镜，双击智能图层下的滤镜效果，可对添加的滤镜进行再次编辑。智能滤镜是控制效果显示的蒙版，使用画笔工具编辑智能滤镜，可控制滤镜效果的显示和隐藏。也可单击智能滤镜左侧的眼睛图标，隐藏或显示滤镜效果。

Photoshop 2020 图像处理培训教程

以如图 7-1-4 所示的图像为例，按快捷键 Ctrl+J 复制图层，选中图层并单击鼠标右键，将复制图层转换为智能对象图层。执行"滤镜"→"滤镜库"命令，弹出滤镜库对话框，选择"扭曲"→"海洋波纹"滤镜效果，适当调节参数，使效果更明显，如图 7-1-5 所示。

图 7-1-4

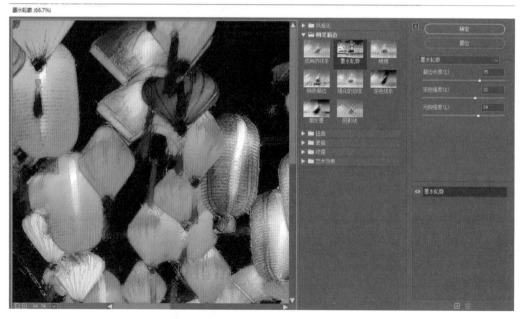

图 7-1-5

这时，图像便被添加了特殊的波纹效果，同时在智能对象图层的下方，有白色智能滤镜图层出现，且所添加的滤镜也在该图层下方显示。使用黑色画笔工具在智能滤镜层上涂抹，图像窗口中被涂抹的部分恢复到正常状态，没有被涂抹的部分仍然保持使用滤镜后的效果，如图7-1-6所示。

图 7-1-6

▲提示　"滤镜"命令只能作用于当前正在编辑的、可见的图层或图层中的选区。此外，用户也可对整幅图像应用滤镜。滤镜可以反复应用，但一次只能应用在一个图层上。按快捷键 Ctrl+Alt+F 可重复应用上一次使用的滤镜效果。

知识点 7.3 常用滤镜

设计中多使用自定义滤镜为图像添加丰富的效果。自定义滤镜有很多，但在设计中也只有几个滤镜被经常使用。本节将讲解液化、风、动感模糊和高斯模糊、彩色半调、镜头光晕、杂色和高反差保留等滤镜的添加与设置，帮助读者掌握滤镜知识，以便更好地将其应用到设计中。

1. 液化

液化滤镜可以对图像的任何区域进行变形，从而制作出特殊的效果。在人像修饰过程中，液化滤镜可以更好地给人像修型。

下面以如图7-1-7所示的图像为例，使用液化滤镜给女孩脸部进行调整，并讲解有关液化滤镜的操作。打开女孩图像，执行"滤镜"→"液化"命令，即可弹出"液化"对话框。

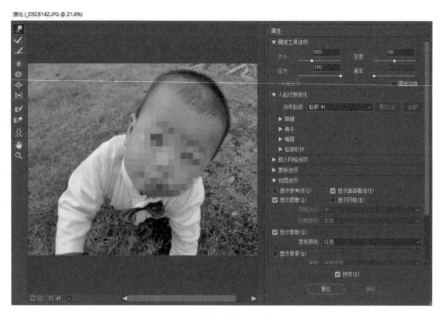

图 7-1-7

调节对话框右侧的属性参数可改变人物的面部结构。Photoshop 会自动识别人物脸部，方便针对不同的五官结构进行调整。拖曳五官下方对应的参数滑块，可改变人物的五官外形，通过中间视图可随时观察调整的效果。此案例针对人物嘴巴、眼睛、鼻子、脸部形状进行了调节，使人物五官有了明显的改变，效果如图 7-1-8 所示。

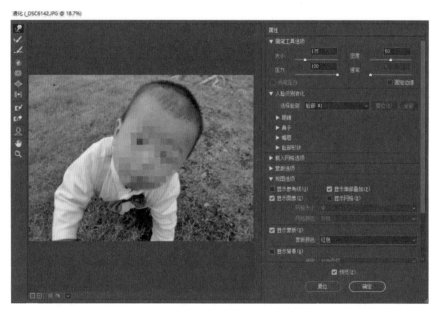

图 7-1-8

对话框左侧的工具栏多在图像轮廓不够清晰，或调整对象非人物脸部图像时使用。左侧常用修型工具的介绍如下。

(1) 选择向前变形工具 ，按住鼠标左键拖曳，可向里或向外推动图像。当右侧调节数值不能满足需求时，也可选择此工具。笔头的大小可在右侧参数设置面板中进行调节，也可以按快捷键"["或 "]"进行键调节。

(2) 选择重建工具 ，在调整后的图像上拖曳鼠标指针，可使图像恢复原始状态。

(3) 选择褶皱工具 ，按住鼠标左键，可以使图像像素向中心点收缩，从而产生向内压缩变形的效果。

(4) 选择膨胀工具 ，按住鼠标左键，可以使图像像素背离中心点，从而产生向外膨胀放大的效果。

(5) 选择冻结蒙版工具 ，在图像上方拖曳鼠标指针，可在图像中创建蒙版，可将蒙版区域冻结，不受编辑的影响。

(6) 选择解冻蒙版工具 ，在冻结蒙版遮住的部分进行涂抹，可解除图像的冻结状态。

<h3 style="text-align:center">2．风</h3>

图 7-1-9

风滤镜可使图像具有被风吹动的效果，设计中多用风滤镜制作故障风效果。以图 7-1-9 所示的风景图为例，使用风滤镜制作故障风效果。打开风景图片并复制一层，双击复制图层，打开"图层样式"对话框，在"混合选项"面板中关闭通道选项中的任意颜色通道，如图 7-1-10 所示，单击"确定"按钮回到图层面板。

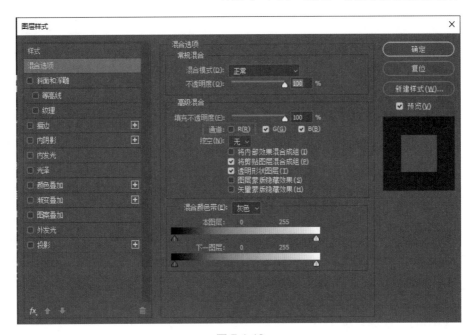

图 7-1-10

选择复制图层，执行"滤镜"→"风格化"→"风"命令，弹出"风"对话框，如图 7-1-11 所示。风滤镜的实质，是在图像中放置细小的水平线条，来实现风吹的效果。方法用于设置水平线条的粗细，风效果的水平线条比较细，大风效果的水平线条粗细适中，飓风效果的水平线条粗壮且图像变形明显，这里选择常用的大风效果，方向选择"从右"，单击"确定"按钮后，可得到类似电视重影的效果，如图 7-1-12 所示。

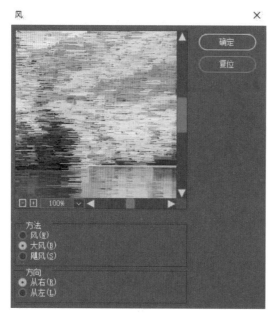

图 7-1-11

图 7-1-12

▲提示 如果使用滤镜后效果不明显，可按快捷键 Ctrl+Alt+F 多次应用同一滤镜，来增强效果。

3. 动感模糊和高斯模糊

动感模糊滤镜和高斯模糊滤镜都属于模糊滤镜组。使用模糊类滤镜可以弱化图像边缘过于清晰或对比过于强烈的区域，使像素间实现平滑过渡，从而产生图像模糊的效果。

(1) 动感模糊。动感模糊滤镜可以给图像添加运动效果，多用来模拟用固定的曝光时间拍摄运动的物体所得到的效果。

接下来以图 7-1-13 所示的图像为例制作鸡蛋晃动效果。打开鸡蛋文件并复制鸡蛋图层，对下层鸡蛋执行"滤镜"→"模糊"→"动感模糊"命令，弹出动感模糊对话框，如图 7-1-14 所示。设置角度可调节模糊的方向，这里设置角度为 0 度，使鸡蛋的模糊方向为水平方向。距离可设置模糊的范围，这里设置距离为 840 像素，使鸡蛋的晃动效果明显，效果如图 7-1-15 所示。

图 7-1-13   图 7-1-14   图 7-1-15

(2) 高斯模糊。高斯模糊滤镜可使图像产生柔和的模糊效果，设计中多用高斯模糊滤镜模糊背景来突出主体物。以图 7-1-16 所示的 3 只小狗为例，使用高斯模糊滤镜将背景和两边的小狗模糊，突出中间的小狗。打开小狗图片，复制一层并将其转换为智能对象图层。执行"滤镜"→"模糊"→"高斯模糊"命令，弹出高斯模糊对话框，调节模糊半径，给图像添加模糊效果，如图 7-1-17 所示。这时添加的滤镜为智能滤镜，展开图层 1，使用黑色画笔工具编辑智能滤镜，用画笔涂抹智能滤镜图层中的中间小狗，此时中间小狗将不受滤镜的影响而变得清晰，效果如图 7-1-18 所示。

图 7-1-16

图 7-1-17

图 7-1-18

4. 彩色半调

彩色半调滤镜可以在图像中添加带有彩色半调的网点，多用于制作波点效果。彩色半调的网点的大小受图像亮度的影响。

以如图 7-1-19 所示的图像为例，打开图像并复制一层，将复制图层转换为智能对象图层，执行"滤镜"→"像素化"→"彩色半调"命令，弹出彩色半调对话框，如图 7-1-20 所示。最大半径用于设置网点的大小，取值范围为 4 ~ 127 像素，这里给图像设置最大半径为 20。网角（度）用于设置每个颜色通道的网格角度，其下共有 4 个通道，分别代表填入颜色之间的角度。需要注意的是，不同模式的图像其颜色通道也不同。这里保持默认设置，调整后的效果如图 7-1-21 所示。结合智能滤镜，用画笔将右下方的效果擦除，制作出网点过渡效果，如图 7-1-22 所示。

图 7-1-19

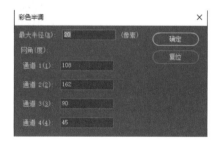

图 7-1-20

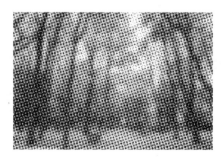

图 7-1-21

图 7-1-22

5. 镜头光晕

镜头光晕滤镜可以在图像中添加类似照相机镜头反射光的效果，同时还可以调整光晕的位置，该滤镜常用于创建强烈日光、星光及其他光芒效果。

以如图 7-1-23 所示的图像为例，给森林添加光照效果，为了便于单独编辑光照效果，可先新建一个图层并填充为黑色，给黑色图层执行"渲染"→"镜头光晕"命令，弹出镜头光晕对话框，如图 7-1-24 所示。镜头光晕有 4 种光照效果，根据环境需要选择添加，这里选择 50 ~ 300mm 变焦进行光照效果的添加，拖曳上方的亮度设置滑块，调整光照强度。将鼠标指针移到视图窗口中，拖曳可调节光照位置。设置好镜头光晕参数后，单击"确定"按钮。回到图层面板，选择黑色图层，设置图层混合模式为滤色，并添加图层蒙版，用画笔在其中将多余的光晕擦除。至此给图片添加光晕效果完成，如图 7-1-25 所示。

图 7-1-23

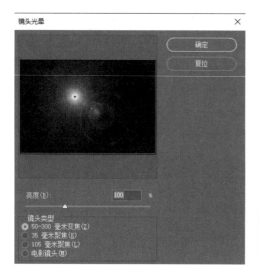

图 7-1-24

图 7-1-25

6．添加杂色

添加杂色滤镜多用于增强背景质感，或制作下雨、金属拉丝等效果。

这里以给图 7-1-26 所示街景图添加下雨效果为例，制作下雨效果时，需要添加杂色滤镜和动感模糊滤镜。打开街景图，新建图层并填充为黑色，执行"滤镜"→"杂色"→"添加杂色"命令，弹出添加杂色对话框，如图 7-1-27 所示。增大数量可增加杂点的密集度。选择平均分布，生成的杂色效果柔和；选择高斯分布，生成的杂色效果密集。勾选"单色"选项可使杂色效果为黑白色，不勾选则杂色为彩色效果。这里设置分布为平均分布，且勾选"单色"复选框来设置杂色效果。向右拖曳数量滑块，适当增加杂色密集度。

图 7-1-26

图 7-1-27

添加杂色滤镜后，将杂色图层混合模式设置为滤色，便于观察动感模糊效果。给图像添加动感模糊效果，调节角度并适当增大距离，如图 7-1-28 所示，使杂点变为线条效果。若雨丝效果不明显，可执行"色阶"命令，来增强明暗对比，同时复制多层线条，使雨丝效果更加明显，下雨效果如图 7-1-29 所示。

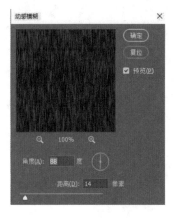

图 7-1-28

图 7-1-29

7. 高反差保留

高反差保留滤镜可在颜色强烈的区域指定半径值来保留图像的边缘细节，使图像的其余部分不被显示，多用于突出人物脸部细节，或在图像合成时增强画面质感。

这里通过增强如图 7-1-30 所示的小女孩的结构轮廓来讲解高反差保留滤镜的作用。打开小女孩图像并复制一层，对复制图层执行"滤镜"→"其他"→"高反差保留"命令，弹出高反差保留对话框，如图 7-1-31 所示。这时图像以灰度效果呈现，调节半径可使轮廓对比发生变化，半径越大图像越接近原图。这里的主要目的是强化图像轮廓。此处设置半径为 1 像素，可精准地提炼出图像的轮廓，效果如图 7-1-32 所示。单击"确定"按钮后，将复制图层的图层混合模式设置为叠加或柔光，这时会发现小女孩的轮廓变得更清晰，效果如图 7-1-33 所示。

图 7-1-30

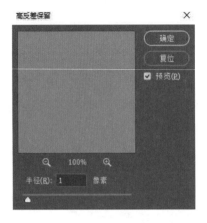

图 7-1-31

图 7-1-32

图 7-1-33

7.2 练习实例

练习实例 7.1 制作变形效果

扫一扫，看视频

文件路径	资源包 \ 项目 7\ 练习实例 7.1 制作变形效果
难易指数	★★☆☆☆
技术要领	滤镜 / 扭曲 / 旋转扭曲、图层混合 (正片叠底)、魔棒工具

案例效果: 如图 7-2-1 所示。

案例素材: 如图 7-2-2 所示。

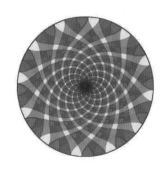

图 7-2-1

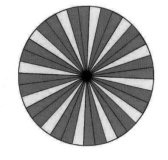

图 7-2-2

案例说明：参照给定的效果图，根据给定素材，配合使用魔棒工具、图层混合模式等命令，完成色盘变形效果。

案例知识点：滤镜 / 扭曲 / 旋转扭曲、图层混合模式（正片叠底）、魔棒工具。

案例实施：

步骤 01　打开资源包路径中的所有素材文件。

步骤 02　使用魔棒工具点击图形外面的白色区域，执行"选择"→"反向"命令，如图 7-2-3 所示。

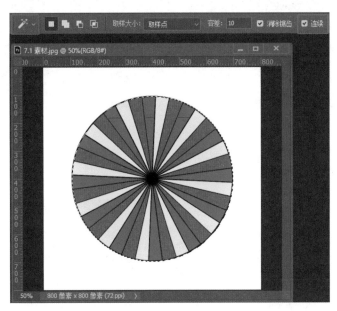

图 7-2-3

步骤 03　执行"图层"→"新建"→"通过剪切的图层"命令（快捷键为 Ctrl+Shift+J），新建图层 1，复制图层 1，载入圆形图案选区，执行"滤镜"→"扭曲"→"旋转扭曲"命令，旋转角度 180 度，如图 7-2-4 所示。

步骤 04　对图层 1 载入选区进行"旋转扭曲"，旋转角度为 -180 度，如图 7-2-5 所示。

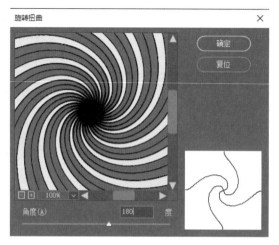

图 7-2-4

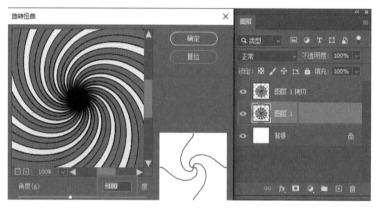

图 7-2-5

步骤 05 两个图层都设置图层混合模式为"正片叠底",不透明度为 55%,如图 7-2-6 所示。

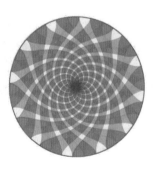

图 7-2-6

步骤 06 将最终效果保存到指定文件夹中。

练习实例 7.2 制作风轮效果

扫一扫，看视频

文件路径	资源包\项目 7\练习实例 7.2 制作风轮效果
难易指数	★★★☆☆
技术要领	定义图案、滤镜 / 扭曲 / 极坐标、色相 / 饱和度

案例效果：如图 7-2-7 所示。

图 7-2-7

案例说明：参照给定的效果图，使用定义图案、极坐标命令等命令，完成风轮效果。

案例知识点：定义图案、滤镜 / 扭曲 / 极坐标、色相 / 饱和度。

案例实施：

步骤 01 新建宽和高分别为 60 像素和 60 像素、分辨率国 72dpi、RGB 模式的文件。

步骤 02 使用多边形套索工具绘制三角形选区并填充黑色，如图 7-2-8 所示。执行 "编辑" → "定义图案" 命令，对话框如图 7-2-9 所示。

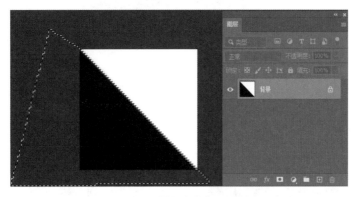

图 7-2-8

图 7-2-9

步骤 03 新建宽和高分别为 600 像素和 600 像素、分辨率为 72dpi、RGB 模式的文件，执行"编辑"→"填充"命令，为背景填充在步骤 1 中定义的"图案 1"，如图 7-2-10 所示。

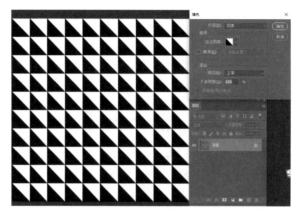

图 7-2-10

步骤 04 执行"滤镜"→"扭曲"→"极坐标"命令，在弹出的"极坐标"对话框中选中"平面坐标到极坐标"单选按钮，如图 7-2-11 所示。

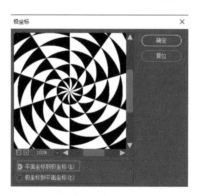

图 7-2-11

步骤 05 执行"滤镜"→"模糊"→"径向模糊"命令，对话框如图 7-2-12 所示，效果如图 7-2-13 所示。

图 7-2-12

图 7-2-13

步骤 06　执行"图像"→"调整"→"色相/饱和度"命令，设置如图 7-2-14 所示，选中"着色"复选框，效果如图 7-2-15 所示。

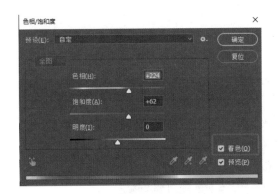

图 7-2-14　　　　　　　　　　　　　　　　图 7-2-15

步骤 07　将最终效果保存到指定文件夹中。

练习实例 7.3　制作文字燃烧效果

扫一扫，看视频

文件路径	资源包 \ 项目 7\7.3 制作文字燃烧效果
难易指数	★★★★★
技术要领	滤镜 / 风格化 / 风、滤镜 / 高斯模糊、滤镜 / 液化、图层混合模式、色相 / 饱和度、涂抹工具

案例效果：如图 7-2-16 所示。

图 7-2-16

案例说明：参照给定的效果图，配合滤镜风格化、液化、涂抹工具等命令，完成文字燃烧效果。

案例知识点：滤镜 / 风格化 / 风、滤镜 / 高斯模糊、滤镜 / 液化、图层混合模式、色相 / 饱和度、涂抹工具。

Photoshop 2020 图像处理培训教程

案例实施：

步骤01 新建宽和高分别为 350 像素和 350 像素、分辨率为 300dpi、RGB 模式的文件，背景色：黑色。

步骤02 使用横排文字工具，输入文字"FIRE"，白色，字体为微软雅黑，如图 7-2-17 所示。

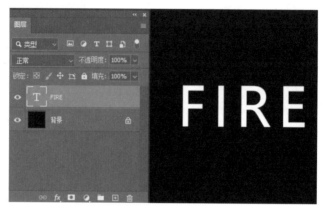

图 7-2-17

步骤03 在文字图层上新建图层 1，按 Shift+Alt+Ctrl+E 快捷键执行"图层"→"拼合可见图层"命令，新图层的内容包含了下面两层的内容，如图 7-2-18 所示。

图 7-2-18

步骤04 执行"图像"→"旋转画布"→"90 度（逆时针）"命令，如图 7-2-19 所示。

图 7-2-19

步骤 05 执行"滤镜"→"风格化"→"风"命令(快捷键 Alt+Ctrl+F),再次执行滤镜三次,如图 7-2-20 所示。

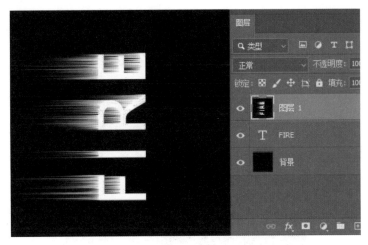

图 7-2-20

步骤 06 将图层 1 顺时针旋转 90 度,回到原来位置,如图 7-2-21 所示。

步骤 07 执行"滤镜"→"模糊"→"高斯模糊"命令,用高斯模糊柔和,半径为 4 像素,如图 7-2-22 所示。

图 7-2-21

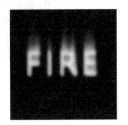

图 7-2-22

步骤 08 执行"图像"→"调整"→"色相/饱和度"命令,选中"着色"复选框,设置色相为 40,饱和度为 100,如图 7-2-23 所示。

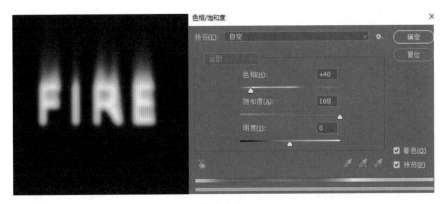

图 7-2-23

步骤 09　复制图层 1，执行“图像”→“调整”→“色相 / 饱和度”命令，将色相改为 -40，其他值不变，如图 7-2-24 所示。

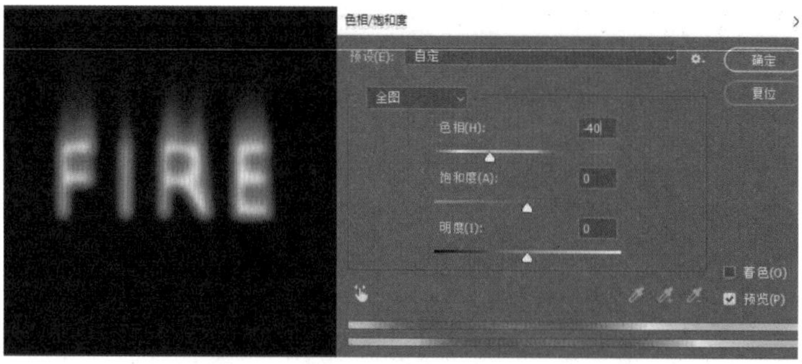

图 7-2-24

步骤 10　将图层 1 拷贝的图层混合模式改为“颜色减淡”，如图 7-2-25 所示。

图 7-2-25

步骤 11　将图层 1 拷贝和图层 1 合并，组成新的图层 1，执行“滤镜”→“液化”命令，将画笔大小调整为 50，压力为 40，在图像中描绘出主要的火焰，然后将画笔和压力调小，画出其他的细小火苗，如图 7-2-26 所示。

图 7-2-26

步骤 12　选择涂抹工具，用一个中号的柔性画笔，压力为 65，进行涂抹，如图 7-2-27 所示。

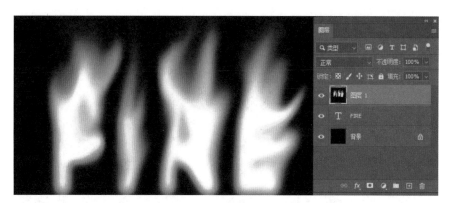

图 7-2-27

步骤 13　复制 FIRE 层，将副本移动到图层 1 上，将文字颜色改为黑色。为了和火焰结合得更好，可以把火焰层稍微向下移动一些，使它们的下边缘基本对齐，如图 7-2-28 所示。

图 7-2-28

步骤 14　复制火焰层，把它移动到文字副本图层之上，单击图层面板下方的"添加蒙版"按钮，为这一层添加一个蒙版，如图 7-2-29 所示。

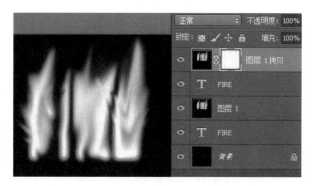

图 7-2-29

步骤 15　设置颜色为前白后黑，选择渐变工具，设置渐变类型"从前景色到背景色"，在蒙版中建立渐变，渐变范围从文字顶部到底部。操作完成后，黑色的文字被逐渐显露出来，如图 7-2-30 所示。

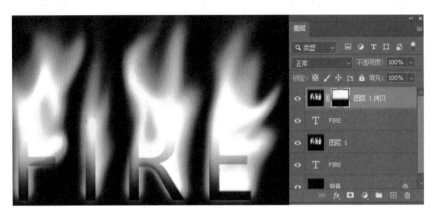

图 7-2-30

步骤 16　新建图层 2，盖印可见图层（快捷键为 Ctrl+Alt+Shift+E），设置高斯模糊，半径为 50 像素，图层不透明度为 50%，混合模式为"颜色减淡"，如图 7-2-31 所示。

图 7-2-31

步骤 17　新建图层 3，再次盖印可见图层（快捷键为 Ctrl+Shift+Alt+E），图层混合模式设为"滤色"，不透明度设为 60%，复制图层，垂直翻转，降低不透明度，制作倒影，如图 7-2-32 所示，最终效果如图 7-2-33 所示。

图 7-2-32

图 7-2-33

步骤 18　将最终效果保存到指定文件夹中。

练习实例 7.4　制作梦幻效果

文件路径	资源包 \ 项目 7\7.4 制作梦幻效果
难易指数	★★☆☆☆
技术要领	滤镜 / 渲染 / 镜头光晕、滤镜 / 扭曲（波浪）、液化、图层混合模式（减淡）

扫一扫，看视频

案例效果：如图 7-2-34 所示。

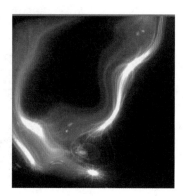

图 7-2-34

案例说明：参照给定的效果，利用镜头光晕、波浪、液化、图层混合模式等命令，创建完成梦幻效果。

案例知识点：滤镜/渲染/镜头光晕、滤镜/扭曲（波浪）、液化、图层混合模式（减淡）。

案例实施：

步骤 01　新建宽和高分别为 600 像素和 600 像素，分辨率为 72dpi，RGB 模式的文件，背景填充黑色。

步骤 02　多次执行"滤镜"→"渲染"→"镜头光晕"命令，每次执行该命令，将光晕移动至不同位置，如图 7-2-35 所示。

Photoshop 2020 图像处理培训教程

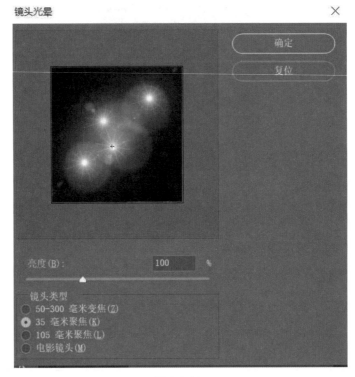

图 7-2-35

步骤 03　执行"滤镜"→"扭曲"→"波浪"命令，如图 7-2-36 所示。

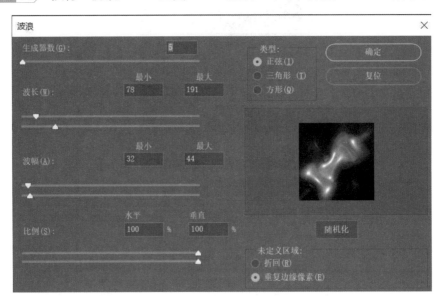

图 7-2-36

步骤 04　执行"滤镜"→"液化"命令，使用液化工具进行绘制造型，如图 7-2-37 所示。

256

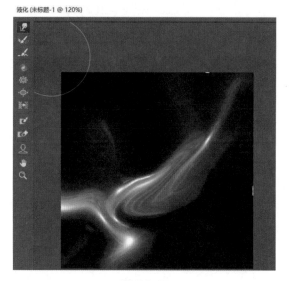

图 7-2-37

步骤 05 复制两个拷贝图层，将其图层混合模式设置为"颜色减淡"，如图 7-2-38 所示。

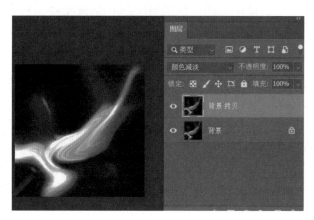

图 7-2-38

步骤 06 将最终效果保存到指定文件夹中。

练习实例 7.5 制作三维凸出效果

扫一扫，看视频

文件路径	资源包\项目 7\练习实例 7.5 制作三维凸出效果
难易指数	★★★☆☆
技术要领	滤镜 / 风格化 / 凸出、色相 / 饱和度

案例效果：如图 7-2-39 所示。

图 7-2-39

案例说明：参照给定的效果图，配合滤镜风格化、色相饱和度等命令，完成三维凸出效果。

案例知识点：滤镜 / 风格化 / 凸出、色相 / 饱和度。

案例实施：

步骤01　新建宽和高分别为 600 像素和 600 像素、分辨率为 72dpi、RGB 模式的文件。

步骤02　新建图层，使用椭圆选框工具绘制一个直径为 300 像素的圆形选区，如图 7-2-40 所示，使用渐变工具添加由白色 (#ffffff) 至紫色 (#9b2e2e) 的径向渐变，如图 7-2-41 所示。

图 7-2-40

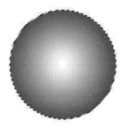

图 7-2-41

步骤03　取消选区，将图层全部合并到一个图层，执行"滤镜"→"风格化"→"凸出"命令，如图 7-2-42 所示。

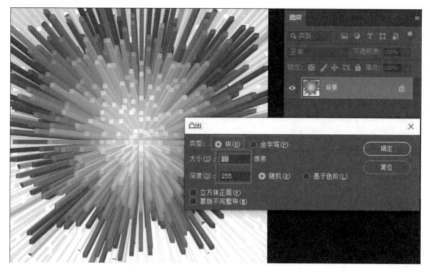

图 7-2-42

步骤 04　执行 "图像" → "调整" → "色相 / 饱和度" 命令 (快捷键为 Ctrl+U)，如图 7-2-43 所示。

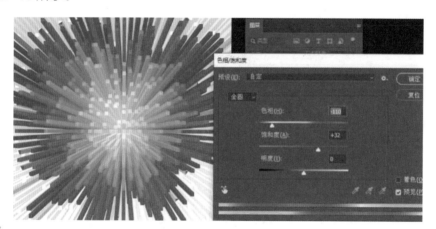

图 7-2-43

步骤 05　将最终效果保存到指定文件夹中。

练习实例 7.6　制作下雨效果

扫一扫，看视频

文件路径	资源包 \ 项目 7\ 练习实例 7.6 制作下雨效果
难易指数	★★★☆☆
技术要领	添加杂色、动感模糊、图层混合模式 (变亮)

案例效果：如图 7-2-44 所示。

案例素材：如图 7-2-45 所示。

图 7-2-44

图 7-2-45

案例说明：参照给定的效果图，利用所给素材，使用添加杂色、动感模糊、图层混合模式完成下雨效果。

案例知识点：添加杂色、动感模糊、图层混合模式（变亮）。

案例实施：

步骤01 打开资源包路径中的所有素材文件复制背景层，重命名为图层 1。

步骤02 执行"滤镜"→"杂色"→"添加杂色"命令，在弹出的对话框中设置数量为 60，选择"平均分布"单选按钮，选中"单色"复选框，如图 7-2-46 所示。

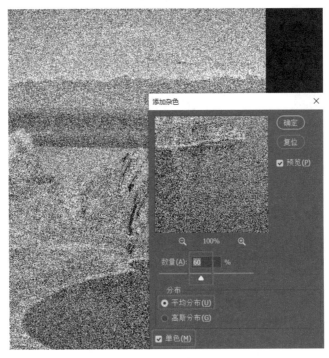

图 7-2-46

步骤03 执行"滤镜"→"模糊"→"动感模糊"命令，调整好角度和距离，设置角度为 64 度，距离为 38 像素，如图 7-2-47 所示。

图 7-2-47

步骤 04 设置图层 1 的图层混合模式为"变亮",如图 7-2-48 所示,效果如图 7-2-49 所示。

图 7-2-48

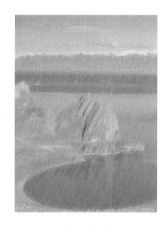

图 7-2-49

步骤 05 将最终效果保存到指定文件夹中。

练习实例 7.7 制作闪耀文字效果

扫一扫,看视频

文件路径	资源包 \ 项目 7\ 练习实例 7.7 制作闪耀文字效果
难易指数	★★★★☆
技术要领	添加杂色、扭曲 / 玻璃、画笔

案例效果: 如图 7-2-50 所示。

图 7-2-50

案例说明：参照给定的效果图，利用滤镜库中的玻璃、添加杂色等命令，制作闪耀文字效果。

案例知识点：添加杂色、扭曲（玻璃）、画笔工具。

案例实施：

步骤 01 新建宽和高分别为 400 像素和 300 像素、分辨率为 72dpi、RGB 模式的文件，背景色为黑色。

步骤 02 使用文字工具，输入文字"GLASS"，颜色为白色，黑体，72 号大小，如图 7-2-51 所示。

图 7-2-51

步骤 03 从右键快捷菜单中选择命令栅格化文字图层，按住 Ctrl 键点击该图层载入文字层，执行"滤镜"→"杂色"→"添加杂色"命令，选中"单色"复选框，如图 7-2-52 所示。

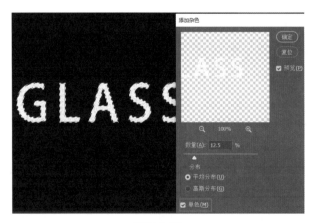

图 7-2-52

步骤 04　保持选区不变向下合并图层 (快捷键为 Ctrl+E)，执行"滤镜"→"扭曲"→"玻璃"命令，参数设置如图 7-2-53 所示，效果如图 7-2-54 所示。

图 7-2-53

图 7-2-54

步骤 05　使用画笔工具，选择"星爆"画笔，如图 7-2-55 所示，设置前景色为白色，绘制星光，最终效果如图 7-2-56 所示。

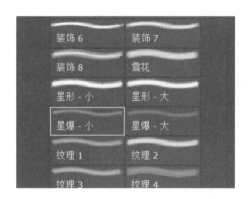

图 7-2-55

图 7-2-56

步骤 06　将最终效果保存到指定文件夹中。

练习实例 7.8　制作咖啡效果

扫一扫，看视频

文件路径	资源包 \ 项目 7\ 练习实例 7.8 制作咖啡效果
难易指数	★★★☆☆
技术要领	渲染 (纤维)、滤镜库 \ 素描 \ 半调图案、旋转扭曲

案例效果 : 如图 7-2-57 所示。

图 7-2-57

案例说明：参照给定的效果图，利用纤维、半调图案、扭曲旋转等命令，制作咖啡效果。

案例知识点：渲染（纤维）、滤镜库\素描\半调图案、旋转扭曲。

案例实施：

步骤 01　新建宽和高分别为 600 像素和 600 像素、分辨率为 72dpi、RGB 模式的文件。

步骤 02　设置背景色 (#772801) 并填充背景色，设置前景色为白色，执行"滤镜"→"渲染"→"纤维"命令，如图 7-2-58 所示。

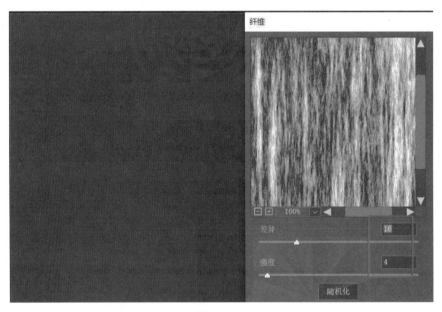

图 7-2-58

步骤 03　执行"滤镜"→"模糊"→"径向模糊"命令，如图 7-2-59 所示，效果如图 7-2-60 所示。

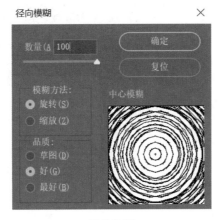

图 7-2-59

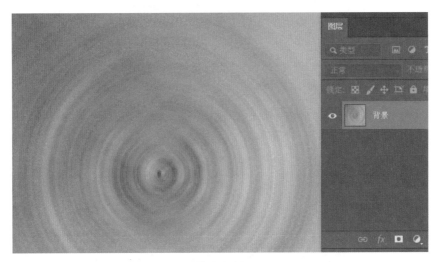

图 7-2-60

步骤 04　复制背景图层为图层 1，执行"滤镜"→"滤镜库"→"素描"→"半调图案"命令，如图 7-2-61 所示。更改图层模式为"颜色加深"，如图 7-2-62 所示。

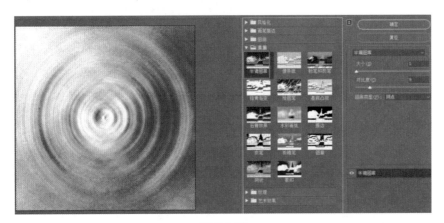

图 7-2-61

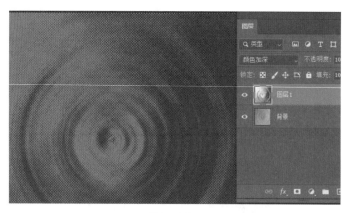

图 7-2-62

步骤 05 复制图层 1 为图层 2，执行"滤镜"→"扭曲"→"旋转扭曲"命令，对话框如图 7-2-63 所示，图层模式为变亮，效果如图 7-2-64 所示。

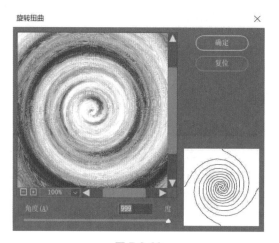

图 7-2-63

图 7-2-64

步骤 06 将最终效果保存到指定文件夹中。

练习实例 7.9　制作天空白云效果

文件路径	资源包 \ 项目 7\ 练习实例 7.9 制作天空白云效果
难易指数	★★★☆☆
技术要领	云彩、分层云彩、快速蒙版

案例效果：如图 7-2-65 所示。

图 7-2-65

案例素材：如图 7-2-66 所示。

图 7-2-66

案例说明：参照给定的效果图，利用所给素材，配合分层云彩、快速蒙版等命令，制作天空白云效果。

案例知识点：云彩、分层云彩、快速蒙版。

案例实施:

步骤 01　打开资源包路径中的所有素材文件。

步骤 02　进入"快速蒙版"模式 (快捷键为 Q),执行 3 次"滤镜"→"渲染"→"云彩"命令,再执行 3 次"滤镜"→"渲染"→"分成云彩"命令 (快捷键为 Ctrl+Alt+F),如图 7-2-67 所示。

图 7-2-67

步骤 03　按 Q 键退出快速蒙版模式,新建图层,填充白色 (可填充两次白色,白云效果会更浓),按 Ctrl+D 快捷键取消选区,如图 7-2-68 所示。

图 7-2-68

步骤 04　使用橡皮擦工具,选择适当的画笔大小,擦除图像下面的白云,配合历史记录画笔工具进行调整,如图 7-2-69 所示。

图 7-2-69

步骤 05　将最终效果保存到指定文件夹中。

练习实例 7.10　制作泼洒的液体

扫一扫，看视频

文件路径	资源包 \ 项目 7\ 练习实例 7.10 制作泼洒的液体
难易指数	★★★★★
技术要领	色相 / 饱和度、滤镜 / 液化、加深 / 减淡

案例效果，如图 7-2-70 所示。

图 7-2-70

案例素材: 如图 7-2-71 所示。

图 7-2-71 水浪素材

案例说明: 参照给定的效果图利用所给素材, 配合液化工具、加深减淡工具、色相饱和度等命令, 制作泼洒的液体。

案例知识点: 色相 / 饱和度、滤镜 / 液化、加深 / 减淡。

案例实施:

步骤 01 打开资源包路径中的所有素材文件。

步骤 02 选择水浪素材, 执行"图像"→"调整"→"色相 / 饱和度"命令, 在弹出的对话框中选中"着色"复选框, 设置色相为 39, 饱和度为 42, 明度为 -3, 将其颜色调整为与酒杯和酒的颜色一致, 效果如图 7-2-72 所示, 参数设置如图 7-2-73 所示。

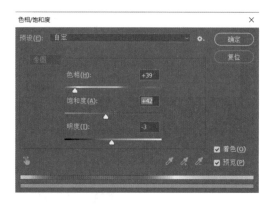

图 7-2-72   图 7-2-73

步骤 03 用移动工具将水浪素材移入酒杯素材内, 合并两幅图像, 按 Ctrl+T 快捷键打开变换工具命令, 将水浪素材放置于杯中合适位置, 从右键快捷菜单中选择变形工具, 对水浪的大小、角度和位置进行缩放, 按 Enter 键确认, 如图 7-2-74 所示。

步骤 04 执行"滤镜"→"液化"命令, 选择"向前变形工具", 将水浪涂抹变形, 形成水流形状, 如图 7-2-75 所示。

图 7-2-74

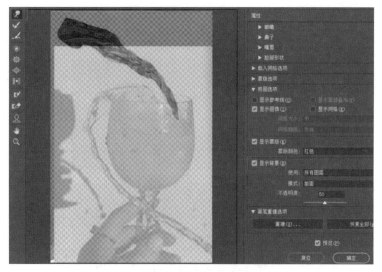

图 7-2-75

步骤 05　使用减淡工具，加深工具，涂抹水流的高光、阴影色调区域，如图 7-2-76 所示。

图 7-2-76

步骤 06　降低水浪素材的不透明度，利用套索工具，将水浪素材被玻璃杯遮住的部分选中，如图 7-2-77 所示，按 Ctrl+X 快捷键进行剪切，新建图层 2，按 Ctrl+Shift+V 快捷键粘贴水浪到图层 2，利用橡皮擦工具，将玻璃杯口遮住的地方删除。

图 7-2-77

Photoshop 2020 图像处理培训教程

步骤07 将图层1和图层2合并，调整色彩平衡与杯子和水的颜色匹配，如图7-2-78所示。

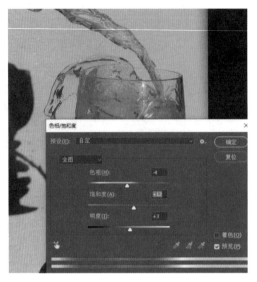

图 7-2-78

步骤08 将最终效果保存到指定文件夹中。
本项目的拓展案例可扫描以下二维码获取。

拓展案例 7.1　　拓展案例 7.2　　拓展案例 7.3　　拓展案例 7.4　　拓展案例 7.5

项目小结

本项目主要是考核学生对滤镜库中部分效果的应用，以及常用的各类滤镜的使用，通过参照给定的案例效果图，结合图案的定义，能够准确运用滤镜库中的各类滤镜，同时根据题目要求，结合文字工具、选区应用理解等，最后参照案例效果图，实现各类滤镜效果叠加的丰富作品，达到最终效果，在 Photoshop 2020 版本操作中，可结合滤镜库中的常用滤镜，进行灵活使用。

272

项目 **8**

文 字 效 果

项目导读

本项目主要讲解如何制作各类文字效果，并介绍有关文本工具的基本操作，如字符调整、段落调整、文字围绕路径、文字填充路径、文字的渐变等操作，学会各类文字效果之后，就可以配合图层样式、混合颜色带等，实现各种丰富的效果。

技能目标

(1) 掌握图层样式混合颜色带的使用方法。

(2) 了解选区与路径的转换方式。

(3) 掌握曲线工具的使用和调色方法。

(4) 掌握使用文本工具对字符和段落进行调整的方法。

(5) 掌握图层样式的各类样式效果，如投影、描边、内发光、外发光等。

情感目标

(1) 能够提升审美能力和艺术修养。

(2) 能够结合专业特点，深刻认识专业技能学习和刻苦努力相结合的时代精神。

(3) 能够掌握 Photoshop 文字工具以及各类文字效果制作，培养工匠精神与创新精神。

案例欣赏

思维导图

8.1 知识点链接

知识点 8.1 **点文本**

文本的输入方式有点文本、段落文本、路径文本和区域文本。文字工具的功能是输入文本，文字工具组中包含横排文字工具 T、直排文字工具 T、直排文字蒙版工具 和横排文字蒙版工具 T。下面将详细讲解这些工具的使用技巧。

1．点文本的输入与编辑

横排文字工具 T 和直排文字工具 T 是最常用的。横排文字工具可以输入水平方向的文本，而直排文字工具可以输入垂直方向的文本。

在工具箱中选择横排文字工具 T 或直排文字工具 T，在画布上单击，即可创建一个单行文本，这个文本被称为点文本，如图 8-1-1 所示。

图 8-1-1

在输入文字时，将鼠标指针移到文本框外，当鼠标光标变成移动工具时，即可移动文字的位置。

在属性栏中单击"切换文本取向"按钮 ，可以改变文本的方向。单击"创建文字变形"按钮 ，在弹出的变形文字对话框中，可以设置文字的变形样式及变形程度，如图 8-1-2 所示。

图 8-1-2

单击属性栏中的"确定"按钮✓或按快捷键 Ctrl+Enter，可以结束文本的输入。单击"取消"按钮⊘或按 Esc 键，可以取消当前输入。

结束文本输入后，可以在属性栏中设置文字的字体、字号、颜色等，如图8-1-3所示。

图 8-1-3

> **▲提示** 结束文本输入后，若要重新编辑文本，可双击文字图层的缩览图，或使用文字工具在画布上单击需要编辑的文字。

2. 字符面板

选择文字工具，单击属性栏中的▦按钮，可以打开字符面板，如图 8-1-4 所示。在字符面板中可设置文字的各种属性。

图 8-1-4

字符面板中常用属性的含义如下。

(1) 字体。在其下拉列表中，可以为选中的文字设置相应的字体。

(2) 字号▯。字号用于设置文字的大小。在文本框中输入数值或在字号图标上拖曳鼠标指针，都可以调整文字的大小。当文本处于编辑状态时选中文字，按快捷键 Ctrl+Shift+>，可以放大字号，按快捷键 Ctrl+Shift+<，可以缩小字号。

(3) 行间距 ⬚。行间距用于设置多行文本行与行之间的距离，效果如图 8-1-5 所示。当文本处于编辑状态时选中文字，按快捷键 Alt+↑可以缩小行距，按快捷键 Alt+↓可以增大行距。

图 8-1-5

(4) 所选字符间距 ⬚。当文本处于编辑状态时，可以设置选中的字符之间的距离，如图 8-1-6 所示。按快捷键 Alt+←，可以缩小字间距；按快捷键 Alt+→，可以增大字间距。

图 8-1-6

(5) 颜色设置。单击该按钮打开拾色器对话框，可以修改文字的颜色。

(6) 特殊样式设置按钮。该按钮用于设置文字效果，如仿粗体、仿斜体和全部大写字母等，效果如图 8-1-7 所示。

图 8-1-7

(7) 消除锯齿 ^{a_a} 。默认为锐利或平滑。选择"无",文字会出现锯齿,其他选项的区别并不明显。当文字字号很小时,设置为"无"可以使文字变得清晰,如图 8-1-8 所示。

3. 文字蒙版工具

文字蒙版工具可以创建无颜色填充的选区。选择横排文字蒙版工具或直排文字蒙版工具,在画布中单击,输入文字。结束文本输入后,会形成文字选区,可以对该选区填充颜色或图案,如图 8-1-9 所示。

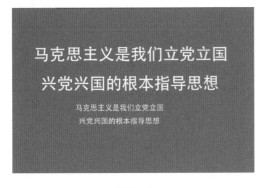

图 8-1-8   图 8-1-9

知识点 8.2 段落文本

点文本适用于输入标题或单行文字,若需要输入大段文本,就需要创建段落文本。

1. 段落文本的输入与编辑

选中文字工具,在画布上拖曳鼠标指针,可以绘制矩形文字框,用来输入段落文字,如图 8-1-10 所示。

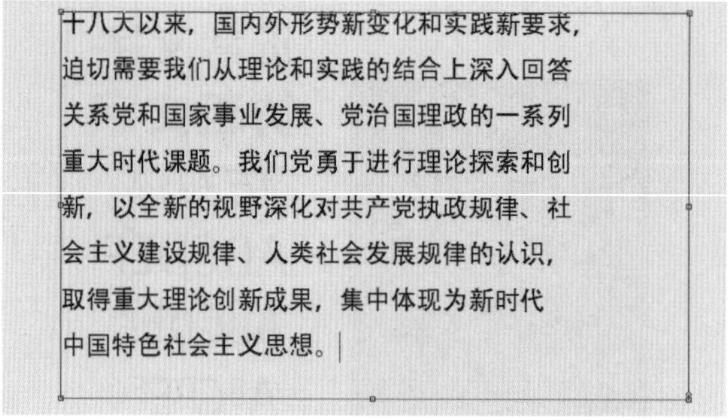

十八大以来，国内外形势新变化和实践新要求，
迫切需要我们从理论和实践的结合上深入回答
关系党和国家事业发展、党治国理政的一系列
重大时代课题。我们党勇于进行理论探索和创
新，以全新的视野深化对共产党执政规律、社
会主义建设规律、人类社会发展规律的认识，
取得重大理论创新成果，集中体现为新时代
中国特色社会主义思想。|

图 8-1-10

将鼠标指针移到文本框的边缘上，当鼠标指针变为双向箭头时拖曳鼠标指针，可以调整文本框的大小，文本内容会自动适应文本框的大小。当文本框右下角出现 ⊞ 时，如图 8-1-11 所示，表示有溢流文本，即有一部分文字无法显示。此时将文本框调大，直到文本溢流提示图标消失，即可显示被隐藏的文字。

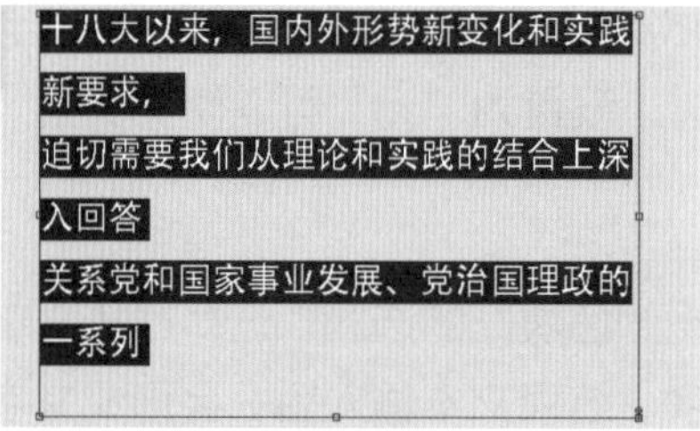

十八大以来，国内外形势新变化和实践
新要求，
迫切需要我们从理论和实践的结合上深
入回答
关系党和国家事业发展、党治国理政的
一系列

图 8-1-11

> **▲提示** 段落文本和点文本可以相互转换，在段落文本图层上单击鼠标右键，在弹出的快捷菜单中选择"转换为点文本"，即可将段落文本转换为点文本。同样，若图层为点文本图层，在弹出的快捷菜单中选择"转换为段落文本"，可以将点文本转换为段落文本。注意，点文本没有文本框，不能通过文本框调整点文本的显示区域。

2. 段落面板

输入较多文字时，在字符面板中进行相关字符设置后，还需要段落面板中对段落进行对齐方式等设置。段落面板如图 8-1-12 所示。

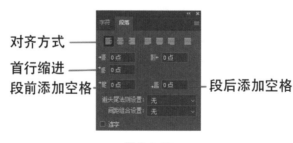

图 8-1-12

(1) 对齐方式。对齐方式用于设置文本的对齐方式。选中需要对齐的文字，单击相应按钮，即可设置对齐方式，如图 8-1-13 所示。

左对齐文本

坚持和发展马克思主义，必须同中国具体实际相结合。
我们坚持以马克思主义为指导，
是要运用其科学的世界观和方法论解决中国的问题，
而不是要背诵和重复其具体结论和词句，
更不能把马克思主义当成一成不变的教条。

居中对齐文本

坚持和发展马克思主义，必须同中国具体实际相结合。
我们坚持以马克思主义为指导，
是要运用其科学的世界观和方法论解决中国的问题，
而不是要背诵和重复其具体结论和词句，
更不能把马克思主义当成一成不变的教条。

右对齐文本

坚持和发展马克思主义，必须同中国具体实际相结合。
我们坚持以马克思主义为指导，
是要运用其科学的世界观和方法论解决中国的问题，
而不是要背诵和重复其具体结论和词句，
更不能把马克思主义当成一成不变的教条。

图 8-1-13

(2) 首行缩进。首行缩进用于设置段落第一行的缩进量，如图 8-1-14 所示。

(3) 段前添加空格。段前添加空格用于设置每段文字与前一段文字的距离。以图 8-1-15 所示为例，第一段文字设置了段前添加空格。注意进行文字段间距设置时，段前、段后添加空格设置其一即可。

到二〇三五年，我国发展的总体目标是：经济实力、科技实力、综合国力大幅跃升，人均国内生产总值迈上新的大台阶，达到中等发达国家水平；实现高水平科技自立自强，进入创新型国家前列；建成现代化经济体系，形成新发展格局，基本实现新型工业化、信息化、城镇化、农业现代化.

图 8-1-14

到二〇三五年，我国发展的总体目标是：经济实力、科技实力、综合国力大幅跃升，人均国内生产总值迈上新的大台阶，达到中等发达国家水平；

实现高水平科技自立自强，进入创新型国家前列；建成现代化经济体系，形成新发展格局，基本实现新型工业化、信息化、城镇化、农业现代化.

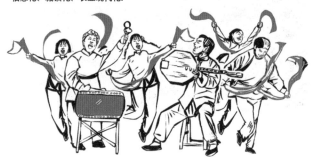

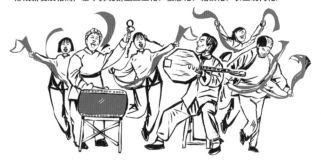

图 8-1-15

(4) 避头尾法则设置。避头尾法则设置用于设置换行是宽松还是严谨。段落排版时经常会出现标点符号在行首的现象，在实际工作中设置段落文本的避头尾法则为"严格"，可避免标点符号出现在行首。

知识点 8.3 路径文本

路径文本可以使输入的文字沿指定的路径进行排列，从而创建出更加丰富的文字效果。

1. 建立路径文本

选择钢笔工具或形状工具，在属性栏中设置工具模式为"路径"。绘制一条路径。然后选择文字工具，将鼠标指针移到该路径上，当鼠标指针变为 时，在路径上单击，此时输入的文字会沿该路径排列，如图 8-1-16 所示。

图 8-1-16

2. 调整路径文本

在路径上输入文字后，可以使用路径选择工具或直接选择工具调整文字在路径上的位置。调整文字在路径上的位置主要包括以下几种操作方法。

(1) 选择路径选择工具，将鼠标指针移到路径文本的左端，当鼠标指针变为 时，左右拖曳鼠标指针，可以调整路径文字起点的位置。

(2) 将鼠标指针移到路径文本的右端，当鼠标指针变为 时，左右拖曳鼠标指针。可以调整路径文字终点的位置。隐藏路径右端文本，反方向拖曳，即可重新显示被隐藏的文字。

(3) 将鼠标指针移到路径文字上方，当鼠标指针变为 时，左右拖曳鼠标指针，可以使文字整体左右移动。

(4) 将鼠标指针移到路径文字的左端、右端或中点时，上下拖曳鼠标指针，可调整文字在路径两侧的位置。

知识点 8.4 区域文本

除了段落文本框外，用户还可以绘制任意的封闭路径，来制作区域文本。

首先，使用钢笔工具或形状工具绘制闭合路径。选择文字工具，将鼠标指针移动到封闭路径区域内，当鼠标指针变成 ⓘ 时，单击输入文字。此时，文本内容会自动适应绘制的封闭路径，如图 8-1-17 所示。

图 8-1-17

▲提示　无论是路径文本，还是区域文本，用户都可以使用添加锚点工具、删除锚点工具和转换点工具对路径进行编辑。也可以使用直接选择工具调整路径上锚点的位置及手柄。路径形状改变的同时，文字效果也会随之改变。

知识点 8.5　将文本转成形状

在设计工作中，将文字转换为形状，在原有字形的基础上对文字外观进行重新设计，可以使文字更加符合设计主题。

具体操作如下。使用文字工具，输入文字后，在图层面板中的文字图层上单击鼠标右键，在弹出的快捷菜单中选择"转换为形状"命令，即可将文字图层转换为形状图层。此时可以设置形状属性，还可以利用直接选择工具、钢笔工具等对文字的形状进行重新编辑，如图 8-1-18 所示。

图 8-1-18

8.2 练习实例

练习实例 8.1 制作锈迹文字

文件路径	资源包 \ 项目 8\ 练习实例 8.1 制作锈迹文字
难易指数	★★☆☆☆
技术要领	图层样式 (混合颜色带)、色彩 / 饱和度

扫一扫,看视频

案例效果: 如图 8-2-1 所示。

案例素材: 如图 8-2-2 所示。

图 8-2-1

图 8-2-2

案例说明: 参照给定效果图,使用"锈迹"素材图,配合图层样式混合颜色带功能,将文字与锈迹背景进行融合,形成文字融合在背景中的效果。

案例知识点: 图层样式 (混合颜色带)、色彩 / 饱和度。

案例实施:

步骤 01 打开资源包路径中的素材文件。

步骤 02 输入文字"锈迹",设置字体为"华文琥珀",黑色,配合 Ctrl+T 快捷键,将文字放大至合适比例于素材背景图中,按 Enter 键进行确定,如图 8-2-3 所示。

▲提示 按住 Shift 键进行自由缩放。

图 8-2-3

步骤 03 双击文字图层,打开图层样式,如图 8-2-4 所示。调整混合选项混合颜色带,再调整下一图层的黑色滑轮和白色滑轮,让字体溶解融合到背景中,参数设置如图 8-2-5 所示,效果如图 8-2-6 所示。

图 8-2-4

图 8-2-5　　　　　　　　　　　　　　　图 8-2-6

双击红色选框区域打开该图层样式。

步骤 04　在文字图层右击，在弹出的快捷菜单中选择命令将文字进行栅格化，配合 Ctrl+U 快捷键打开"色彩 / 饱和度"对话框，选中"着色"复选框，调整明度和饱和度，将字体颜色设置为偏暗红色，融合在锈迹背景图中，如图 8-2-7 所示，最终效果如图 8-2-8 所示。

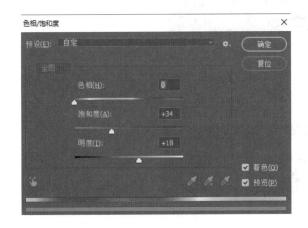

图 8-2-7　　　　　　　　　　　　　　　图 8-2-8

步骤 05　将最终效果保存到指定文件夹中。

练习实例 8.2　舞台文字效果

扫一扫，看视频

文件路径	资源包\项目 8\练习实例 8.2 舞台文字效果
难易指数	★★★★★
技术要领	文本工具、选区和路径的转化、图层样式 (外发光、描边、光泽、斜面和浮雕)、钢笔工具、渐变工具、图层混合模式 (正片叠底)

案例效果：如图 8-2-9 所示。

图 8-2-9

案例说明：参照给定效果图，配合文本工具、选区和路径的转化、图层样式 (外发光、描边、光泽、斜面和浮雕)、钢笔工具等命令，完成舞台文字效果。

案例知识点：文本工具、选区和路径的转化、图层样式 (外发光、描边、光泽、斜面和浮雕)、钢笔工具、渐变工具、图层混合模式 (正片叠底)。

案例实施：

步骤 01　新建一个宽和高分别为 800 像素和 300 像素、分辨率为 72dpi、RGB 模式的文件，设为橙色 (#ea9e1b)，将字体设为"华文琥珀"，按 Ctrl+T 快捷键调整大小，如图 8-2-10 所示。

图 8-2-10

步骤 02　利用矩形工具给文字添加填充，如图 8-2-11 所示，或通过载入文字选区，将选区转为路径，通过调整路径的方式添加该效果。

图 8-2-11

步骤 03　双击文字图层，打开图层样式对话框，设置外发光参数，如图 8-2-12 所示。

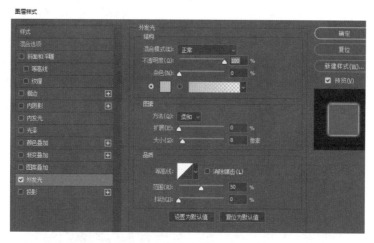

图 8-2-12

步骤 04 描边设置如图 8-2-13 所示，效果如图 8-2-14 所示。

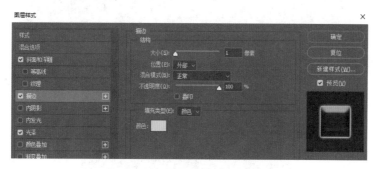

图 8-2-13

图 8-2-14

步骤 05 光泽设置如图 8-2-15 所示。

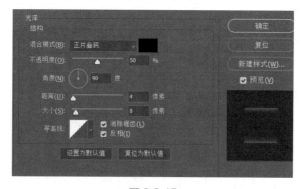

图 8-2-15

步骤 06　用斜面和浮雕创建一个黄色的圆球，应用外发光、斜面和浮雕、描边处理，设置如图 8-2-16 所示，效果如图 8-2-17 所示。

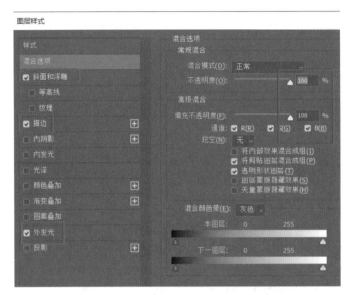

图 8-2-16

图 8-2-17

步骤 07　复制多个黄色的圆球，放在合适位置，如图 8-2-18 所示。

图 8-2-18

步骤 08　使用钢笔工具绘制形状，将路径转为选区，利用渐变工具填充绘制光束效果，如图 8-2-19 所示。

图 8-2-19

步骤 09 复制多个光束效果并调整位置和方向，如图 8-2-20。

图 8-2-20

步骤 10 创建蓝色三角形，进行变形处理，应用斜面和浮雕，如图 8-2-21 所示。

图 8-2-21

步骤 11 使用同样方法，制作其他字母，合并所有图层，复制图层，调整图层混合模式为"正片叠底"，如图 8-2-22。

图 8-2-22

步骤 12 将最终效果保存到指定文件夹中。

练习实例 8.3 制作蒙德里安配色风格文字

扫一扫，看视频

文件路径	资源包 \ 项目 8\ 练习实例 8.3 制作蒙德里安配色风格文字
难易指数	★★★☆☆
技术要领	选区转为路径、转化点工具调整锚点、图层样式 (投影、斜面浮雕、渐变叠加、描边)

案例效果：如图 8-2-23 所示。

案例说明：参照给定的效果图，利用给定素材，配合文本工具，完成蒙德里安配色风格文字。

案例知识点：选区转为路径、转化点工具调整锚点、图层样式 (投影、斜面浮雕、渐变叠加、描边)。

步骤 01 新建宽和高分别为 800 像素和 600 像素、分辨率为 72dpi、RGB 模式的文件。

步骤 02 输入文字"蒙德里安"，字体为"华文琥珀"，黑色，配合 Ctrl+T 快捷键将其放大，

图 8-2-23

如图 8-2-24 所示。

步骤 03 载入文字选区，点击路径面板中的"从选区生成工作路径"按钮，将文字转为路径，删除文字层，如图 8-2-25 所示。

步骤 04 使用转化点等路径工具调整路径形状，如图 8-2-26 所示。

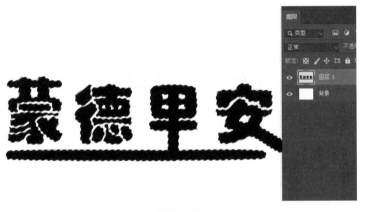

图 8-2-24　　　　　　　　　　图 8-2-25　　　　　　　　　　图 8-2-26

步骤 05 点击路径面板中的"把路径作为选区载入"按钮，将调整后的路径转化为选区。新建图层 1，填充黑色，如图 8-2-27 所示。

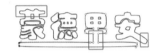

图 8-2-27

步骤 06 右击填充层，在弹出的快捷菜单中选择"混合选项"命令，设置渐变叠加选项，调节渐变色为红 (#c3002e)- 白 (#ffffff)- 黄 (#fcef1f)- 蓝 (#3a31f4)，颜色设置如图 8-2-28 所示，渐变叠加面板设置如图 8-2-29 所示。

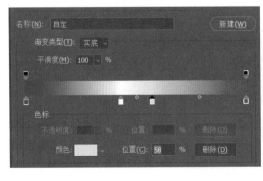
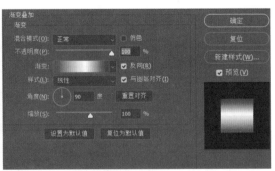

图 8-2-28　　　　　　　　　　　　　　图 8-2-29

步骤 07 设置投影参数面板，如图 8-2-30 所示。

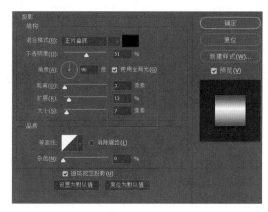

图 8-2-30

步骤 08 设置描边参数面板，如图 8-2-31 所示，效果如图 8-2-32 所示。

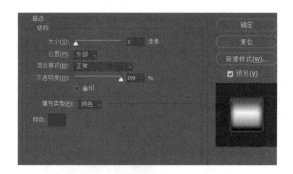

图 8-2-31   图 8-2-32

步骤 09 将背景素材拖入背景层之上，调整大小，效果如图 8-2-33 所示。

图 8-2-33

步骤 10 将最终效果保存到指定文件夹中。

练习实例 8.4 制作路径文字

扫一扫，看视频

文件路径	资源包\项目 8\练习实例 8.4 制作路径文字
难易指数	★★★☆☆
技术要领	钢笔工具、将路径作为选区载入、路径编辑、文本工具

案例效果：如图 8-2-34 所示。

图 8-2-34

案例说明：参照给定素材，创建选区，利用画笔工具和涂抹方式，将剩余的玻璃杯体绘制完整，并融入背景中。

案例知识点：画笔工具、涂抹工具、橡皮擦工具、模糊工具。

案例实施：

步骤 01　新建宽和高分别为 600 像素和 600 像素、分辨率为 72dpi、RGB 模式的文件。

步骤 02　输入大写文字"A"，Adobe 黑体，黑色，配合 Ctrl+T 快捷键放大文字，再配合 Ctrl 键单击图层载入文字选区，单击路径面板中的"从选区生成工作路径"按钮，将文字转换为路径，如图 8-2-35 所示。将图层面板文字层删除，如图 8-2-36 所示。

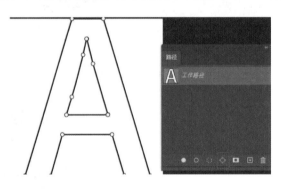

图 8-2-35　　　　　　　　　　　图 8-2-36

步骤 03　使用矩形工具，在选项里设置排除重叠形状，如图 8-2-37 所示。绘制矩形路径，框选到文字路径，如图 8-2-38 所示。

图 8-2-37　　　　　　　　　　　图 8-2-38

步骤 04 用转换点工具，配合 Ctrl 键，将锚点移动调整，单击锚点，设置路径为直线形式，配合删除锚点工具删除多余锚点，如图 8-2-39 所示。

步骤 05 将调整后的路径转换为选区，点击路径面板中的"把路径作为选区载入"，新建图层 1，填充蓝色 (#387aff)，效果如图 8-2-40 所示。

图 8-2-39

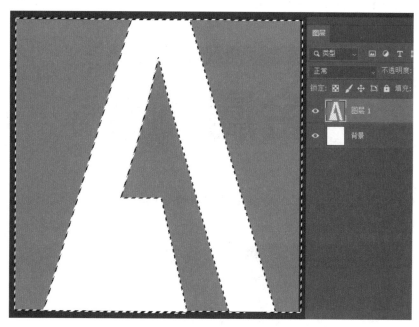

图 8-2-40

步骤 06 将最终效果保存到指定文件夹中。

练习实例 8.5　制作金属效果文字

扫一扫，看视频

文件路径	资源包\项目 8\练习实例 8.5 制作金属效果文字
难易指数	★★★★☆
技术要领	曲线、文本工具、图层样式

案例效果: 如图 8-2-41 所示。

图 8-2-41

Photoshop 2020 图像处理培训教程

案例说明：参照给定效果图，配合文本工具、图层样式和曲线命令，完成金属效果文字。

案例知识点：文本工具、图层样式（投影、内阴影、内发光、斜面、浮雕、渐变叠加、描边）、曲线。

案例实施：

步骤 01　新建宽和高分别为 400 像素和 200 像素、分辨率为 72dpi、RGB 模式的文件。

步骤 02　输入文字"金属"，设为 Adobe 黑体，黑色，右击并在弹出的快捷菜单中选择"栅格化"命令，把文字转化为普通图层，如图 8-2-42 所示。

图 8-2-42

步骤 03　右击图层，在弹出的快捷菜单中选择"混合选项"命令，设置"投影"参数面板，如图 8-2-43 所示。

图 8-2-43

步骤 04　设置"内阴影"参数面板，如图 8-2-44 所示。

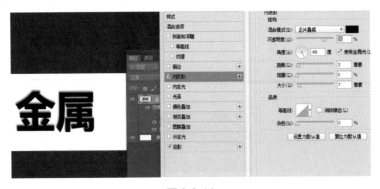

图 8-2-44

步骤 05　设置"内发光"参数面板，如图 8-2-45 所示。

图 8-2-45

步骤 06　设置"斜面和浮雕"参数面板，如图 8-2-46 所示。

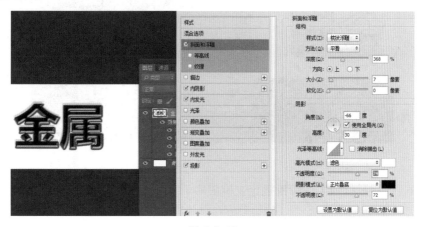

图 8-2-46

步骤 07　设置"渐变叠加"参数面板，如图 8-2-47 所示。

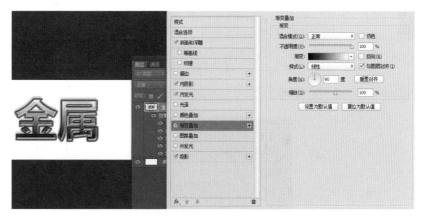

图 8-2-47

步骤 08 设置"描边"参数面板，设置如图 8-2-48 所示。

图 8-2-48

步骤 09 最后给文字调色，为文字添加"图像"→"曲线"，如图 8-2-49 所示。

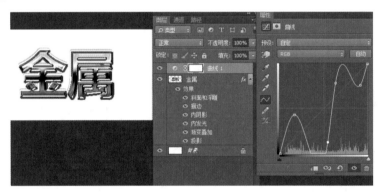

图 8-2-49

步骤 10 将最终效果保存到指定文件夹中。

练习实例 8.6　制作珍珠闪耀效果字体

扫一扫，看视频

文件路径	资源包\项目 8\练习实例 8.6 制作珍珠闪耀效果字体
难易指数	★★★★☆
技术要领	画笔设置、图层样式、选区转为路径、动感模糊、椭圆工具

案例效果：如图 8-2-50 所示。

图 8-2-50

案例说明：参照给定的效果图，指定笔刷，配合图层样式、选区转为路径等命令，来制作珍珠闪耀效果的字体。

案例知识点：画笔设置、图层样式、选区转为路径、动感模糊、椭圆工具。

案例实施：

步骤 01　新建一个大小为宽 800×500 像素、分辨率为 72dpi、RGB 模式的文件。

步骤 02　设置背景色 (#3e4060)，输入黑色文字"pearl"，字体为华文琥珀，配合 Ctrl+T 快捷键调整为合适大小，配合 Ctrl 键载入字体选区，在路径面板点击"从选区生成工作路径"按钮，如图 8-2-51 所示。

图 8-2-51

步骤 03　关闭文字层显示，新建图层 1，设置前景色为白色，使用画笔工具，选择硬圆头笔刷，按 F5 快捷键打开画笔控制面板，设置画笔，如图 8-2-52 所示，回到路径面板，然后单击"用画笔描边路径"按钮，效果如图 8-2-53 所示。

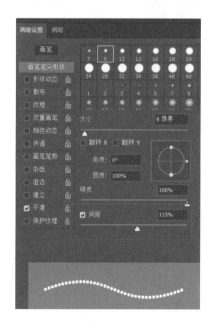

图 8-2-52

图 8-2-53

步骤 04　显示文字层，降低不透明度为 25%，选中画笔层，从右键快捷菜单中选择命令添加图层样式，设置斜面和浮雕参数，如图 8-2-54 所示，效果如图 8-2-55 所示。

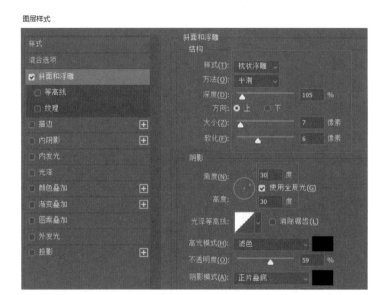

图 8-2-54

图 8-2-55

步骤 05　设置前景色为白色，新建图层 2，绘制直线（可以配合动感模糊），实现边缘模糊效果，如图 8-2-56 所示。

步骤 06　复制直线，变化形成十字形，使用椭圆工具绘制一个圆形，白色描边，得到闪亮的高光点，如图 8-2-57 所示。

步骤 07　复制并移动闪亮的高光点于文字边缘，如图 8-2-58 所示。

图 8-2-56

图 8-2-57

图 8-2-58

步骤 08　将最终效果保存到指定文件夹中。

练习实例 8.7　制作立体字

文件路径	资源包 \ 项目 8\ 练习实例 8.7 制作立体字
难易指数	★★★★☆
技术要领	文本工具、加深 / 减淡工具、渐变工具

案例效果：如图 8-2-59 所示。

图 8-2-59

案例说明：参照给定的案例效果图，配合文本工具、加深减淡工具完成 3D 文字效果。

案例知识点：文本工具、加深 / 减淡工具、渐变工具。

案例实施：

步骤 01　新建一个宽为 800 像素和高为 500 像素、分辨率为 72dpi、RGB 模式的文件。

步骤 02　背景色采用黄色 (#fbc500) 到红色 (#af1c00) 径向渐变，输入文字"HAPPY NEW YEAR"，设置华文琥珀字体，黄色 (#fff600)，单击"创建文字变形"按钮，设置文字变形为"旗帜"样式，设置如图 8-2-60 所示，效果如图 8-2-61 所示。

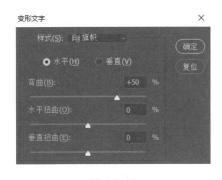

图 8-2-60

图 8-2-61

步骤 03　给文字添加红色描边效果，如图 8-2-62 所示。

步骤 04　选中文字层，使用加深和减淡工具强化文字边缘的明暗效果，如图 8-2-63 所示。

图 8-2-62

步骤 05　选中文字图层，使用移动工具，重复交替按"Alt+ →"和"Alt+ ↓"快捷键复制并轻移图层，最后一层填充黄色 (#fff600)，最终效果如图 8-2-64 所示。

图 8-2-63

图 8-2-64

步骤 06　将最终效果保存到指定文件夹中。

练习实例 8.8　制作霓虹灯文字

扫一扫，看视频

文件路径	资源包\项目 8\练习实例 8.8 制作霓虹灯文字
难易指数	★★★★☆
技术要领	文本工具、渐变工具、选区羽化与收缩、图层样式（外发光、描边）

案例效果：如图 8-2-65 所示。

图 8-2-65

案例说明：参照给定的案例效果图，配合文本工具、渐变工具、选区羽化等命令，完成霓虹灯文字效果。

案例知识点：文本工具、渐变工具、选区羽化与收缩、图层样式（外发光、描边）。

案例实施：

步骤 01　新建文档，宽和高分别为 700 像素和 400 像素、分辨率为 72dpi、RGB 模式，选择 Adobe 黑体，输入文字"NEON light"，设为黄色 (#ffd800)，如图 8-2-66 所示。

NEON
light

图 8-2-66

步骤 02　选择背景层为当前图层，分别将前景色和背景色设置为红色(#420211)和黑色(#000000)，使用渐变工具，对背景层进行由前景色到背景色黑色的径向渐变，如图 8-2-67 所示，从右键快捷菜单中选择命令栅格化文字层，载入文字层选区，执行"选择"→"修改"→"羽化"命令，羽化半径为 3 像素，按 Delete 键清除选区图像，设置如图 8-2-68 所示，效果如图 8-2-69 所示。

图 8-2-67　　　　　　　　　　图 8-2-68　　　　　　　　　　图 8-2-69

步骤 03　选择"图层"→"图层样式"→"外发光"命令，按如图 8-2-70 所示设置。

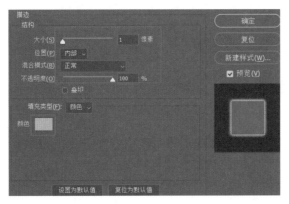

图 8-2-70

步骤 04　执行"图层"→"图层样式"→"描边"命令，设置如图 8-2-71 所示。

图 8-2-71

步骤 05 复制文字层，不透明度设为 80%，最终效果如图 8-2-72 所示。

图 8-2-72

步骤 06 将最终效果保存到指定文件夹中。

练习实例 8.9　制作大象文字

扫一扫，看视频

文件路径	资源包\项目 8\练习实例 8.9 制作大象文字
难易指数	★★★★★
技术要领	文本工具、自定义形状工具、字符面板、段落面板、图层样式（描边、投影）

案例效果：如图 8-2-73 所示。

图 8-2-73

案例说明：参照给定案例效果图，配合文本工具、自定义形状工具、字符面板、段落面板等命令，完成大象文字效果。

案例知识点：文本工具、自定义形状工具、字符面板、段落面板、图层样式（描边、投影）。

案例实施：

步骤 01 新建一个宽和高分别为 600 像素和 600 像素、分辨率为 72dpi、RGB 模式的文件，使用自定义形状工具绘制路径"大象"，如图 8-2-74 所示，效果如图 8-2-75 所示。

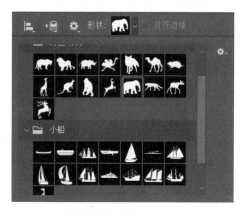

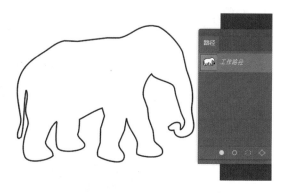

图 8-2-74   图 8-2-75

步骤 02　用文本工具沿着路径写文字"大象很早就成了人类的朋友，并能为人类提供帮助"，如图 8-2-76 所示。

图 8-2-76

步骤 03　用文本工具快捷键 Ctrl+A 全选文字，设置基线偏移 31，字号 16 点，如图 8-2-77 所示。

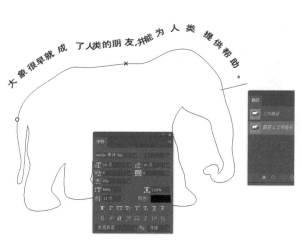

图 8-2-77

步骤 04 同样输入文字"Elephants have long been human friends",字号 12 点,颜色为 (#704040),设置基线偏移为 4,如图 8-2-78 所示。

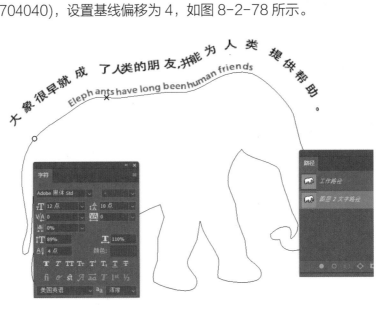

图 8-2-78

步骤 05 使用同样方法,沿路径输入文字"Elephant",填充深蓝色 (#2632a8),添加描边和投影样式,如图 8-2-79 所示。

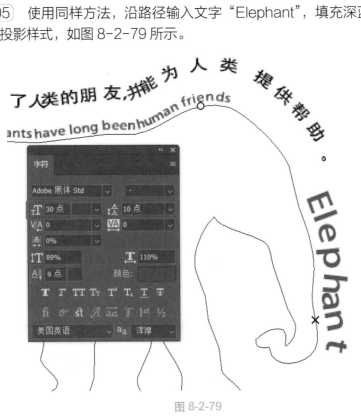

图 8-2-79

步骤 06 描边设置,如图 8-2-80 所示。

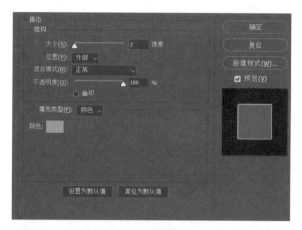

图 8-2-80

步骤 07 投影设置，如图 8-2-81 所示。

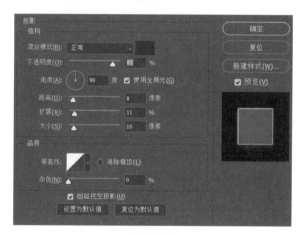

图 8-2-81

步骤 08 使用同样方法，沿路径输入文字"human friends"，填充橙色 (#ef6f29)，如图 8-2-82 所示。

图 8-2-82

步骤 09 使用文字工具，当光标显示在路径内时，输入黑色文字"I love elephant"，复制文字并粘贴填充路径，删除路径，字符和段落面板设置如图 8-2-75 所示，效果如图 8-2-83 所示。

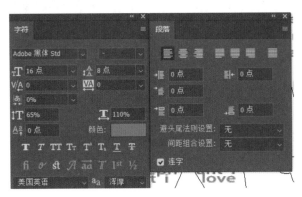

图 8-2-83

图 8-2-83

步骤 10 将最终效果保存到指定文件夹中。

练习实例 8.10　制作啤酒海报设计

扫一扫，看视频

文件路径	资源包 \ 项目 8\ 练习实例 8.10 啤酒海报设计
难易指数	★★★★☆
技术要领	文本工具、滤镜 (动感模糊)、色相 / 饱和度、蒙版

案例效果：如图 8-2-84 所示。

图 8-2-84

案例说明：参照给定案例效果图，配合文本工具、滤镜、色相饱和度等命令，完成啤酒海报设计。

案例知识点：画笔工具、涂抹工具、橡皮擦工具、模糊工具。

案例实施：

步骤01 新建一个宽和高分别为 600 像素和 800 像素、分辨率为 300dpi、RGB 模式的文件，填充黑色。

步骤02 使用文字工具，在要求的位置输入相应的文字，颜色均为白色，字体为微软雅黑，如图 8-2-85 所示。

步骤03 新建图层，使用画笔工具绘制 2 条白色直线，执行"滤镜"→"模糊"→"动感模糊"命令，配合 Ctrl+T 快捷键进行缩放，如图 8-2-86 所示。

图 8-2-85

图 8-2-86

步骤04 移动"素材 1"到当前文件，移动到背景层上方，调整至合适位置，如图 8-2-87，设置"色相/饱和度"，如图 8-2-88 所示，给"素材 1"添加蒙版，使用黑白色线性渐变，拖曳素材渐变效果，同时给文字"Master"添加蒙版和渐变，如图 8-2-89 所示。

图 8-2-87

图 8-2-88

图 8-2-89

步骤 05 将"素材 2"拖入文档，使用魔棒工具选择马后面的背景，删除不必要的背景，调整素材马的大小，放在合适位置，最终效果如图 8-2-90 所示。

图 8-2-90

步骤 06 将最终效果保存到指定文件夹中。

本项目的拓展案例可扫描以下二维码获取。

拓展案例 8.1　　　拓展案例 8.2　　　拓展案例 8.3　　　拓展案例 8.4　　　拓展案例 8.5

项目小结

　　本项目主要是考核学生对文本工具的使用，配合其他命令完成丰富多样的文字效果，通过参照给定的文字效果图，能够结合文字编辑中的字符调整、段落调整、文字围绕路径等命令，同时根据题目要求，结合图层样式混合颜色带、选区与路径的转换、曲线工具等命令，实现各类文字特效。

参 考 文 献

[1] 王琦 . Adobe Photoshop 2020 基础培训教材 [M]. 北京：人民邮电出版社，2020.

[2] 国家职业技能鉴定专家委员会，计算机专业委员会 . 图形图像处理 (Photoshop 2020 平台) Photoshop 2020 CS3 试题汇编 (图像制作员级)[M]. 北京：北京希望电子出版社，2021.

[3] 江燕英，黄汉昌，胡章君，等 . 图形图像处理 (Photoshop 2020 平台)Photoshop 2020 CS3 试题解答 (图像制作员级)[M]. 北京：北京希望电子出版社，2021.

[4] 王琦，邓爱花，谷雨 . Adobe Photoshop 2020 基础培训教材 [M]. 北京：人民邮电出版社，2021.

[5] 唯美世界，瞿颖健 . 中文版 Photoshop 2020 从入门到精通 [M]. 北京：中国水利水电出版社，2021.